React（第2版）

引领未来的用户界面开发框架

Developing a React Edge: The JavaScript Library for User Interfaces，2e

League of Extraordinary Developers 著
寸志 范洪春 题叶 杨森

電子工業出版社
Publishing House of Electronics Industry
北京•BEIJING

内 容 简 介

Facebook 的开源框架 React.js，基于 Virtual DOM 重新定义了用户界面的开发方式，彻底革新了大家对前端框架的认识，将 PHP 风格的开发方式迁移到客户端应用开发。其优势在于可以与各种类库、框架搭配使用。本书由多位一线专家精心撰写，采用全程实例介绍和剖析了 React.js 的方方面面，适合广大前端开发者、设计人员，以及所有对未来技术趋势感兴趣者阅读。本书前版作为 React 首作推出之后，React 生态继续蓬勃发展，技术及社区都在不断推陈出新。本书诸位专家作者适时推出新版，全面更新示例，用 ES6 重写代码，摒弃社区弃用范式，新增无状态组件、不可变数据、Redux 等热点内容。阅读本书，不但可以夯实 React 开发基础，更能全方位紧跟整个 React 生态！

版权贸易合同登记号　图字：01-2016-7197

图书在版编目（CIP）数据

React：引领未来的用户界面开发框架：第 2 版 / 卓越开发者联盟（League of Extraordinary Developers）著；寸志等译．—北京：电子工业出版社，2016.11

书名原文：Developing a React Edge: The JavaScript Library for User Interfaces, 2e

ISBN 978-7-121-30120-9

Ⅰ．① R…　Ⅱ．①卓…　②寸…　Ⅲ．①人机界面－程序设计　Ⅳ．① TP311.1

中国版本图书馆 CIP 数据核字（2016）第 247610 号

责任编辑：张春雨

印　　刷：三河市双峰印刷装订有限公司

装　　订：三河市双峰印刷装订有限公司

出版发行：电子工业出版社

北京市海淀区万寿路 173 信箱　　　邮编：100036

开　　本：787×980　1/16　印张：12.75　字数：276 千字

版　　次：2015 年 5 月第 1 版

2016 年 11 月第 2 版

印　　次：2016 年 11 月第 1 次印刷

定　　价：69.00 元

凡所购买电子工业出版社图书有缺损问题，请向购买书店调换。若书店售缺，请与本社发行部联系，联系及邮购电话：（010）88254888，88258888。

质量投诉请发邮件至 zlts@phei.com.cn，盗版侵权举报请发邮件至 dbqq@phei.com.cn。

本书咨询联系方式：（010）51260888-819，faq@phei.com.cn。

推荐序1

时光回溯。

2011 年我离开 Google 转而加入 Facebook，从事移动互联网（Mobile Web）的核心产品开发工作。

随着时间的推移，工作上逐渐取得了许多有意义的巨大进展，同仁们也都深以此为傲。然而不是所有的事情都进展得特别顺利。其中一个很大的问题与挑战就是因为 HTML5 的技术限制与性能瓶颈，许多产品的开发工作受到了限制。

2012 年 Facebook 公开了一件很多人深有体会却不想说出口的事实，那就是 HTML5 之类的 Web 技术并未成熟到能够担任产品开发工具重任的程度。在很多方面，使用原生代码（native code）开发仍然是必要的选项。

对于很多包括我在内的 Mobile Web 开发者来说，这样的情况是一个让人失望却又不得不接受的事实。

2013 年年初，我离开工作两年多的移动互联网开发部门，转而投入广告部门，从事桌面富客户端（Rich App Client Application）的开发工作。

虽然 Mobile Web 的进展不如预期理想，但此时在 Desktop Web 方面，事情却有了有意思的变化。

当时我参与的新项目主要是要使用一种叫作 React 的新平台技术，将当时广告部门的一个主要产品重构。项目的有趣之处在于，产品的视觉外观与功能将不会也不能有任何变化，但是内部执行的代码将会是以 React 打造的。

由于项目的目标为实际上线且对公司营收有重要影响的产品，所以项目的挑战除了在于应用 React 这门新技术之外，维持产品本身的稳定当然也是不可妥协的目标。

所幸，项目顺利达标，而同仁们也对于 React 这门技术有了更丰富的经验与更强的信心。就连 React 本身也快速吸收众人的回馈，快速演进。

我从事 Web 前端开发工作已经十年，有幸亲身经历众多重大的技术变革与范式转移。我可以负责任也很喜悦地说，作为一门新生技术，React 及其相关工具对于从事 Web 开发的人来说，将会产生巨大且革命性的影响。

虽说 React 初始是为了解决 Facebook 广告部门在产品开发上遇到的很多实际问题，但实际应用的层面却非常广泛。

2015 年 Facebook 也开源了 ReactNative，让 React 能够在 iOS 移动终端执行（对 Android 的平台支持预计为 2015 年年底）。

由于 React 的特殊设计，React 消弥了客户端与服务器端的开发界线。最近的发展则更进一步衍生到 Mobile Native App 与其他非传统 Web（HTML+CSS）的执行环境。

无论你是有多年经验的开发者，或者是刚入门的新人，此时选择 React 都会是一个很好的选择。

React 可以解决很多传统 Web 开发架构碰到的艰难问题，同时由于它是一门新生技术，开发者将更有机会掌握一门强大的开发工具，解决更深入的艰难问题并提升产品开发的质量与境地。

作为一本入门书籍，本书提供基本但足够的范例与介绍，着重在实际的代码与操作应用，可以让读者快速学习 React 的相关知识与技术，并实际打造可执行的程序。

相信对于需要使用 React 开发的人来说，这将会是一本不错的入门参考。

必须要补充的是，目前由于 React 还在 Beta 版本阶段，本书的内容主要是以 v0.12 为主。目前公开的最新版本为 v0.13，书中提到的 API 将会略有差异，细节方面可以在它的官方网站上查询（https://facebook.github.io/react/blog/2015/02/24/streamlining-react-elements.html）。

Hedger Wang
Facebook 资深前端工程师

推荐序2

组件化一直是前端领域的圣杯。我至今依旧记得自己初次接触YUI-Ext时，被其精致的组件和优雅的设计深深震撼的场景。之后随着ExtJS的发布，我在很长时间内都痴迷于探索ExtJS深邃的继承层次与架构，并由此进入了前端行业。

ExtJS作为一个企业级框架，借鉴了Java的Swing设计，同Java一样有着教科书般的学院风派，也同Swing一样注定曲高和寡。在快速变化的互联网领域，ExtJS犹如一条大船行驶在激流中，每一次调头都非常艰难。同时代的不少互联网企业也开源了自己的前端类库，包括YUI、Closure Library、KISSY、Arale等，它们同样有着不错的组件设计，但思路和ExtJS并无显著不同，只不过更加轻量化。

传统组件化的特点是把组件和原生DOM节点的渲染割裂起来，要么如ExtJS一样抛弃原生DOM节点，要么就在原生DOM节点渲染后再渲染自定义组件。现代的组件架构鼓励原生DOM节点和自定义组件的统一渲染融合，比如React以及未来的Web Components规范。

React最为人称道的是，它是一个专注于组件架构的类库。API很少，理念也很简单，使用React可以非常快速地写出和原生DOM标签完美融合的自定义组件（标签），并且能够高效渲染。而想要真正使用好React，我们必须跳出以往的思维，拥抱React的理念和思想，比如状态、虚拟DOM、组合优于继承、单向数据流等。React的简单抽象和专注，使得React可以更容易与其他各种技术结合。因为React的简单抽象，我们终于可以脱离浏览器中充满敌意的DOM环境，从而使得组件也可以运行在服务器端、Native客户端等各种底层平台。令人惊奇的是，这种抽象泄漏非常少，必要时可以很方便地跳出React的抽象而直接操纵DOM等底层平台。因为React专注于组件架构，所以模块系统可以直接采用CommonJS，测试框架可以使用Mocha或Jasmine等，生态圈则可以直接依托npm，工具可以采用现成的Browserify或webpack，我们不必受制于任何单一技术，这非常符合Web的开放本质。

在本书中，作者不仅完整地介绍了React本身的方方面面，用通俗的语言和简洁的例子阐述了React的开发理念，还介绍了一套基于React以及业界其他优秀技术的最佳实践，相信读者在看完本书后能够快速将其中的知识应用于项目开发。React目前处于快速发展时期，在本书发行后，又增加了不少吸引人的新特性，加大了和ES6的进一步整合，从而进一步减少了需要学习的API，大家在看完本书后可以持续关注React社区的最新发展动态。值得注意的是，业界基于React的优秀组件与传统组件相比仍然严重不足，这对我们来说是一个很好的机会——有机会可以向业界发出中国的声音。积极学习业界的先进技术，未来我们一定能在前端类库领域创造出让业界称赞的东西。

何一鸣（承玉）

蚂蚁金服技术专家

前KISSY核心开发者，现React爱好者

推荐序3

React 是一种革命性的 UI 组件开发思路。

在此之前，我们所见到的 JavaScript 框架开发思路几乎是同质的。框架为开发者提供一套组件库，业务开发基于组件库提供的组件来进行就可以了。

而在 UI 组件架构里，有几个特点需要注意：一是越靠近用户端变化越快，用枚举组件的思路在高速迭代快速变化的互联网中开发，将会使 UI 组件库逐渐变得臃肿和难以维护。二是组件开发不再是五六年前那样一穷二白的初始状态，现今行业里组件百花齐放，可选面非常广，即使当下找不到非常匹配的组件，进行自研的成本也不高。三是 UI 组件受具体业务场景的约束。

因此，各大互联网公司在组件上都尽可能地采取自研或统一组织组件库。而组件库在公司级别难抽象，对整体技术的挑战比较大，且收效不确定。于是只能将组件场景定位到更具体的某一类型的业务线再进行抽象。从而让组件库变得轻量、灵活。

开发架构的理想态是“同构”。用相同的内部机制与结构将开发变得透明且测试可控。这在 React 里表现得很明显。它的设计非常大胆，一开始就没有将枚举组件功能作为重点，而是以“同构”的理想架构为起点——将原本的 DOM 操作接管，提出 Virtual DOM、单向数据流，用很少的接口覆盖在组件开发的生命周期上，采取声明式的语法等。实现了一个纯粹的组件“引擎”。

另一方面，React 的思路也可作为连接“异构端”的组件入口。现在，用 React + native 就可以实现 React- native ；用 React + canvas 就可以实现一套基于 canvas 的高性能的 Web UI 组件 ；最近，我还尝试了 React + WebComponents，将两者的优势进行融合。

可见，React 的思路为开发创造了非常大的想象空间。

本书内容围绕示例展开，书中还涵盖了 React 的周边信息，为读者提供了较为全面和丰富的 React 讲解。通过阅读本书，读者能够学会如何将 React 运用到实际开发中去。另外，我建议大家不仅要学习 React 的应用如何实现组件，更重要的是通过书中的实例理解 React 的设计思路。可以预见，React 未来将会影响整个用户端 UI 组件的开发。希望能有更多的人了解 React 的开发思路，大家携手共建 React 的组件生态。

刘平川（rank）

现美团网架构师，React 爱好者

前百度 FEX 创立者及负责人

前言

React 是什么，为什么要使用它

React 是 Facebook 内部的一个 JavaScript 类库，已于 2013 年开源，可用于创建 web 用户交互界面。它引入了一种新的方式来处理浏览器 DOM。那些需要手动更新 DOM、费力地记录每一个状态的日子一去不复返了——这种老旧的方式既不具备扩展性，又很难加入新的功能，就算可以，也是冒着很大的风险。React 使用很新颖的方式解决了这些问题。你只需声明式地定义各个时间点的用户界面，而无须关心在数据变化时需要更新哪一部分 DOM。在任何时间点，React 都能够以最小的 DOM 修改来更新整个应用程序。

本书内容

React 引入了一些激动人心的新概念，向现有的一些最佳实践发起了挑战。本书将会带领你学习这些概念，帮助你理解它们的优势，创建具备高扩展性的单页面应用（SPA）。

React 把主要的注意力放在了应用的“视图”部分，没有限定与服务端交互和代码组织的方式。在本书中，我们将介绍目前的一些最佳实践及配套工具，帮助你使用 React 构建一个完整的应用。

本书面向的读者

为了更好地掌握本书的内容，你需要有 JavaScript 和 HTML 相关开发经验。倘若你做过 SPA 应用（什么框架不重要，Backbone.js、Angular.js 或者 Ember.js 都可以）那更好，但这不是必需的。

源码和示例

一些来自 Reddit 克隆示例项目的代码片段会贯穿在整本书中。你可以在 *http://git.io/vlcpa* 浏览完整的代码，到 *http://git.io/vlCUI* 可以看到在线的 demo。

编写过程

我们把本书当作一本虚拟的电子书编写，用一到两个月的时间快速迭代。这种方式有助于创建新鲜及时的内容，而传统书籍往往无法覆盖最新的趋势和技术。

这是本书的第 2 版，所有的示例代码都更新到了 React 0.14 版，而且有了一个新的示例项目。

作者

本书由一个团队编写而成，这个团队的成员都是一些经验丰富且专注于 JavaScript 的开发者。

Richard Feldman 是旧金山教育科技公司 NoRedInk 的前端工程师。他是一个函数式编程爱好者，会议发言人，还是 *seamless-immutable* 的作者。seamless-immutable 是一个开源类库，可以提供不可变的数据结构，向后兼容普通的 JavaScript 对象和数组。Richard 在 Twitter 和 Github 上都叫 @rtfeldman。

Frankie Bagnardi 是一位高级前端工程师，为多种不同的客户端创造用户体验。在业余时间里，他会在 StackOverflow（FakeRainBrigand）和 IRC（GreenJello）上回答问题，或者开发一些小项目。可以通过 f.bagnardi@gmail.com 联系他。

Simon Højberg 是一个高级 UI 工程师，在罗德岛普罗维登斯市的 Swipely 公司工作。他是普罗维登斯市线下 JS 见面会的核心组织者，之前还是波士顿创业学院的 JavaScript 讲师。他一直在使用 JavaScript 开发功能性的用户界面，也会开发一些像 cssarrowplease.com 这样的业余项目。Simon 的 Twitter 是 @shojberg。

Jeremiah Hall 现在 OpenGov Inc 任职高级软件工程师 / 架构师，他还是 Aspect Apps 的创始人，该应用使用 React Native 和 JavaScript 来构建一个日志应用的 UI。在 Twitter 可以通过 @jeremiahrhall 找到他。

目录

第 1 章 React 简介

背景介绍

在 Web 开发的早期，前端代码量不大，也不够强大。得益于近几年来浏览器厂商之间你追我赶式的竞争，JavaScript 的性能得到了极大的提升，现如今 web 应用能够提供的用户体验可以与原生应用比肩。随着 web 应用的不断丰富和生机勃勃的发展，JavaScript 在可扩展和高性能方面提出了前所未有的挑战。

从历史上看，很多 JavaScript 类库会把性能或者代码架构放在第一的位置——提供简单的方式可以高效地操作 DOM，或者提供架构模式使得代码更容易扩展。React 一飞冲天，不但实现了高性能，还保证了代码的扩展性。这种强有力的组合使得它跃居为 Github 前十大流行的类库！

React 发源自 Facebook 的 PHP 框架 XHP 的一个分支。XHP 作为一个 PHP 框架，旨在每次有请求进来时渲染整个页面。React 的产生就是为了把这种重新渲染整个页面的 PHP 式工作流带到客户端应用中来。

React 本质上是一个“状态机”，可以帮助管理复杂的随着时间而变化的状态。它以一个精简的模型实现了这一点。React 只关心两件事：

1. 更新 DOM
2. 响应事件

React 不处理 Ajax、路由和数据存储，也不规定数据组织的方式。它不是一个 Model-View-Controller 框架。如果非要问它是什么，它就是 MVC 里的“V”。React 的精简允许你将它集成到各种各样的系统中。事实上，它已经在数个 MVC 框架中被用来渲染视图了。

在每次状态改变时，使用 JavaScript 重新渲染整个页面会异常慢，这应该归咎于读取和更新 DOM 的性能问题。React 运用一个虚拟的 DOM 实现了一个非常强大的渲染系统，在 React 中对 DOM 只更新不读取。

React 就像高性能的 3D 游戏引擎，以渲染函数为基础。这些函数读入当前的状态，将其转换为目标页面上的一个虚拟表现。只要 React 被告知状态有变化，它就会重新运行这些函数，计算出页面的一个新的虚拟表现，接着自动地把结果转换成必要的 DOM 更新来反映新的表现。

乍一看，这种方式应该比通常的 JavaScript 方案 —— 按需更新每一个元素 —— 要慢，但 React 确实是这么做的：它使用了非常高效的算法，计算出虚拟页面当前版本和新版间的差异，基于这些差异对 DOM 进行必要的最少更新。

React 赢就赢在最小化了重绘，并避免了不必要的 DOM 操作，这两点都是公认的性能瓶颈。

用户界面越复杂，就越容易发生这样的情况——一个用户交互触发一个更新，而这个更新触发另外一个更新，一个接一个。如果没有恰当地把这些更新放到一起，性能就会大幅度降低。更糟糕的是，有时候 DOM 元素在达到最终状态前，会被更新好多次。

React 的虚拟表示差异算法，不但能够把这些问题的影响降到最低（通过在单个周期内进行最小的更新），还能简化应用的维护成本。当用户输入或者有其他更新导致状态改变时，我们只要简单地通知 React 状态改变了，它就能自动化地处理剩下的事情。我们无须深入到详细的过程之中。

React 在整个应用中只使用单个事件处理器，并且会把所有的事件委托到这个处理器上。这一点也提升了 React 的性能，因为如果有很多事件处理器也会导致性能问题。

> 访问*http://git.io/vlcpa*，可以阅读到示例项目的全部源码，这个项目将贯穿在本书的内容中。

本书概览

本书将分四个大块进行讲述，帮助你在开发时充分发挥 React 的优势。

Component的创建和复合

本书的前 7 章都与 React 组件的创建和复合相关。这些章节将帮助你搞清楚如何使用 React。

1）React简介

React 介绍，包括背景介绍及全书概览。

2）JSX的使用和React组件的基础用法

JSX（JavaScript XML）提供了一种在 JavaScript 中编写声明式的 XML 的方法。这一章将学习如何在 React 中使用 JSX，学习如何构建简单的 React Component。虽然对 React 来说 JSX 不是必需的，但因为这是一种推荐的用法，因此本书的大部分例子，包括示例项目，都会使用 JSX。

3）Component的生命周期

在渲染过程中，React 会频繁地创建或者销毁组件。React 提供了很多可被注入到组件生命周期中的钩子函数。你需要了解并理解如何管理组件的生命周期，避免在应用中产生内存泄漏。

4）数据流

在 React 中，数据是如何在组件树中从上向下传递的？哪些数据可以修改？搞清楚这些问题是非常重要的。React 的 `props` 和 `state` 有明确的区别。这一章将学习 props 和 state 是什么，以及怎样在应用中正确地使用它们。

5）事件处理

React 的事件处理采用声明的方式。对于交互式的界面，事件处理是非常重要的一部分，也是必须学习并掌握的。还好 React 提供的事件处理方案非常简单。

6）Component的复合

React 鼓励创建小巧且有明确功能的组件来处理特定需求，再在应用中创建复合层来组合使用这些组件。这一章将学习如何在其他组件中使用已有的组件。

7）高阶组件和Mixin

这是一种模式，对数据依赖的一种抽象。高阶组件将普通组件包裹起来，通过 props 来提供数据或者函数。本章还会介绍 mixin，在特定情况下它依然适用。

进阶

一旦掌握了 React 的基础，就可以继续学习一些高级的主题。接下来的 6 章有助于进一步打磨 React 技巧，搞清楚如何创建优秀的 React 组件。

8）DOM操作

尽管 React 提供了基于虚拟 DOM 的各种功能，有时候你还是需要访问应用程序中原生的 DOM 节点。这样就可以利用现有的一些 JavaScript 类库，或者可以更加自由地控制你的组件。本章将告诉你在 React 组件生命周期的哪些节点上可以安全地访问 DOM，在什么时候应该释放对 DOM 的控制，避免内存泄漏。

9）使用React创建表单

接收用户输入的最佳方式之一就是使用 HTML 表单。但有一个问题，HTML 表单是有状态的。React 提供了一种方案，可以把大部分状态从表单移入到 React 组件中。这为我们提供了对表单元素的不可思议的控制力。

10）动画

作为 Web 开发者，我们手里已经有了一个声明式且性能强劲的动画工具：CSS。React 鼓励使用 CSS 实现动画。本章介绍在 React 中如何利用 CSS 给组件添加动画。

11）组件性能优化

React 的虚拟 DOM 虽然创造性地提升了性能，但是性能还有继续提升的空间。React 提供了这样一种方式，即当你知道组件没有变化时，可以告诉渲染器无须重新渲染你的组件。通过这种方法可以大幅度地提高应用的速度。

12）服务端渲染

很多应用都要求进行 SEO，恰好 React 可以像 Node.js 那样在非浏览器环境中渲染。服务端渲染还可以提升应用首页的加载速度。编写同时支持服务端和客户端渲染的应用可能有些困难，本章将提供一些同构渲染的策略，指出在做服务端渲染时，你将碰到哪些具有挑战的关注点。

React工具

React 有很多很棒的开发工具和测试框架。学会使用这些工具有助于你编写出更健壮的程序。这部分将分成工具和测试两章进行介绍。

13）开发工具

React 应用变大后，不但需要某种方式自动打包代码进行开发，而且调试程序也变得更加困难。在本章中，你将了解有哪些工具可以用来构建和打包 React 应用，学习如何使用 Google Chrome Plugin 来可视化你的 React 组件，简化调试。

14）React测试

随着应用逐渐变大，为了确保不向已有的可用代码中引入新的问题，编写测试是重要的一部分。因为测试鼓励编写模块化的代码，所以有助于写出更好的代码。本章将学习如何全面地测试 React 组件。

React实践

最后两章介绍使用 React 时要注意哪些方面，以及其他可能没有想到的使用场景。

15）架构模式

React 只提供了“MVC”里面的“V”，但是它非常灵活，可以作为其他框架或者系统的插件使用。本章将学习使用 React 来设计更大规模的应用。我们还会探索示例中 React 项目的架构，学习这种架构是如何管理项目不断膨胀所带来的复杂度的。

16）不可变性

React 可以完美结合不可变数据结构——这种数据结构一旦实例化以后就不再改变。在本章中将会介绍使用不可变数据的优势和不足，并介绍三个类库，可以将不可变数据结构引入到你的 React 项目中。

17）其他使用场景

React 是一个强大的用户交互界面的渲染类库，它提供了一种非常棒的方式来渲染数据和处理用户输入。本章将探讨 React 在桌面应用、游戏、邮件和图表方面的应用。

第 2 章

JSX

在 React 中，组件是用于分离关注点的，而不是被当作模板或处理显示逻辑的。在使用 React 时，你必须接受这样的事实，那就是 HTML 标签以及生成这些标签的代码之间存在着内在的紧密联系。该设计允许你在构建标签结构时充分利用 JavaScript 的强大能力，而不必在笨拙的模板语言上浪费时间。

React 与一种可选的类 HTML 标记语言搭配得很棒。不过在继续之前，我们要先说清楚一件事——对于那些讨厌在 JavaScript 中写 HTML 标签，以及那些还不明确 JSX 用处的人，请考虑在 React 中体会 JSX 的下列好处：

- 允许使用熟悉的语法来定义 HTML 元素树。
- 提供更加语义化且易懂的标签。
- 程序结构更容易被直观化。

- 抽象了 React Element 的创建过程。
- 可以随时掌控 HTML 标签以及生成这些标签的代码。
- 是原生的 JavaScript。

本章会探索 JSX 的诸多优点，如何使用 JSX，以及将它与 HTML 区分开来的一些注意事项。记住，JSX 并不是必需的。如果你决定不使用它，则可以直接跳到本章的结尾了解在 React 中不使用 JSX 的一些小提示。

在本书中，我们将会使用最新版本的 JavaScript——即 ES6（或称 ES2015）——来提供代码示例。可以在 *https://babeljs.io/docs/learn-es2015/* 获得一个不错的入门指南。

什么是JSX

JSX 即 JavaScript XML——一种在 React 组件内部构建标签的类 XML 语法。React 在不使用 JSX 的情况下一样可以工作，然而使用 JSX 可以提高组件的可读性，因此推荐你使用 JSX。

举个例子，在不使用 JSX 的 React 程序中创建一个标题的函数调用大概是这个样子：

```
React.createElement('h1', {className: 'question'}, 'Questions');
```

如果使用了 JSX，上述调用就变成了下面这种更熟悉且简练的标签：

```
<h1 className="question">Questions</h1>
```

与以往在 JavaScript 中嵌入 HTML 标签的几种方案相比，JSX 有如下几个明显的特征：

1. JSX 是一种句法变换——每一个 JSX 节点都对应着一个 JavaScript 函数。
2. JSX 既不提供也不需要运行时库。
3. JSX 并没有改变或添加 JavaScript 的语义——它只是简单的函数调用而已。

与 HTML 的相似之处赋予了 JSX 在 React 中强大的表现力。下面我们将要讨论使用 JSX 的好处以及它在程序中发挥的作用，同时还会讨论 JSX 与 HTML 的关键区别。

使用JSX的好处

当讨论 JSX 时，很多人会问——为什么要用它，为什么在已经有那么多模板语言的情况下还要使用 JSX，为什么不直接使用原生的 JavaScript。毕竟，JSX 最后只是被简单地转换成对应的 JavaScript 函数而已。

使用 JSX 有很多好处，而且这些好处会随着代码库的日益增大、组件的愈加复杂而变得越来越明显。我们来看看这些好处究竟是什么。

更加熟悉

许多团队都包括了非开发人员，例如熟悉 HTML 的 UI 及 UX 设计师和负责完整测试产品的质量保证人员。使用 JSX 之后，这些团队成员都可以更轻松地阅读和贡献代码。任何熟悉基于 XML 语言的人都能轻松地掌握 JSX。

此外，由于 React 组件囊括了所有可能的 DOM 表现形式（后续详细解释），因此 JSX 能巧妙地用简单明了的方式来展现这种结构。

更加语义化

除了更加熟悉外，JSX 还能够将 JavaScript 代码转换为更加语义化、更加有意义的标签。这种设计为我们提供了使用类 HTML 语法来声明组件结构和数据流向的能力，我们知道它们后续会被转换为原生的 JavaScript。

JSX 允许你在应用程序中使用所有预定义的 HTML5 标签及自定义组件。稍后会讲述更多关于自定义组件的内容，而这里只是简单地说明 JSX 是如何做到让 JavaScript 更具可读性的。

举个例子，让我们设想一个 Divider 元素，它会渲染出一个位于左边的标题和一个撑满右边的水平分割线。这个 Divider 的 JSX 结构大概是下面的样子：

```
<div className="divider">
```

```
  <h2>Questions</h2><hr />
</div>
```

把上面的 HTML 包裹进一个 Divider React Component 后，你就可以像使用其他任何 HTML 元素一样使用它了。相比原生的 HTML，Divider 提供了更丰富的语义。

```
<Divider>Questions</Divider>
```

更加直观

即使像上述例子一样的小组件，JSX 也能让它更加简单、明了、直观。在有上百个组件及更深层标签树的大项目中，这种好处会被成倍地放大。

下面是前面提到的 Divider 组件。我们注意到在函数作用域内，使用 JSX 语法的版本与使用原生 JavaScript 相比，其标签的意图变得更加直观，可读性也更强。

以下是原生 JavaScript 版本：

```
render: function () {
    return React.createElement('div', {className:"divider"},
      "Label Text",
      React.createElement('hr')
    );
}
```

以下是使用 JSX 的版本：

```
render: function () {
    return (
      <div className="divider">
        Label Text<hr />
      </div>
    );
}
```

绝大多数人都认为 JSX 版本更加易懂，也更容易调试。

关注点分离

最后，也是 React 的核心，旨在将 HTML 标签以及生成这些标签的代码内在地紧密联系在一起。在 React 中，你不需要把整个应用程序分离成视图和模板两种文件。相反，React 鼓励你创造一个个独立的组件，并把所有的逻辑和标签封装在其中。

JSX 以干净且简洁的方式保证了组件中的标签与所有业务逻辑的相互分离。它不仅提供了一个清晰、直观的方式来描述组件树，同时还让应用程序更加符合逻辑。

复合组件

目前为止，我们已经看到了使用 JSX 的若干好处，同时也看到了它是如何用简洁的标记格式来表示一个组件的。下面我们看看 JSX 如何帮我们组装多个组件。

这个小节包含了以下内容：

- 在 JavaScript 文件中包含 JSX 的准备工作。
- 详细说明组件的组装过程。
- 讨论组件的所有权以及父 / 子组件关系。

我们开始依次探索。

定义一个自定义组件

继续来看我们之前提到的分页组件，下面再次列出我们期望输出的 HTML。

```
<div class="divider">
  <h2>Questions</h2><hr />
</div>
```

要将这个 HTML 片段表示为 React Component，只需要把它像下面这样包装起来，然后在 `render` 方法中返回这些标签。

```
class Divider extends React.Component {
  render() {
    return (
      <div className="divider">
        <h2>Questions</h2><hr />
      </div>
    );
  }
};
```

当然目前这还只是一个展示静态内容的组件。要让这个组件变得实用，我们还需要一种动态输出 h2 标签中文本的方法。

使用动态值

JSX 将两个花括号之间的内容 {...} 渲染为动态值。花括号指明了一个 JavaScript 上下文环境——在花括号中放入的任何东西都会被进行求值，得到的结果被渲染为标签中的若干节点。

对于简单值，比如文本或者数字，你可以直接引用对应的变量。可以像下面这栏渲染一个动态的 h2 标签：

```
var text = 'Questions';
<h2>{text}</h2>

// <h2>Questions</h2>
```

对于更复杂的逻辑，你可能更倾向于将其转化为一个函数来进行求值。可以通过在花括号中调用这个函数来渲染期望的结果：

```
function dateToString(d) {
  return [
```

```
    d.getFullYear(),
    d.getMonth() + 1,
    d.getDate()
  ].join('-');
};

<h2>{dateToString(new Date())}</h2>

// <h2>2014-10-18</h2>
```

React 通过将数组中的每个元素渲染为一个节点的方式对数组进行自动求值。

```
var text = ['hello', 'world'];
<h2>{text}</h2>

// <h2>helloworld</h2>
```

比起简单值，我们通常希望渲染一些更复杂的数据。比如说，你可能希望把数组中的所有数据渲染为若干个 `<li>` 元素。这就要说到子节点了。

子节点

在 HTML 中，使用 `<h2>Questions</h2>` 来渲染一个 header 元素，这里的“Questions”就是 h2 元素的子文本节点。而在 JSX 中，我们的目标是用下面的方式来表示它：

```
<Divider>Questions</Divider>
```

React 将开始标签与结束标签之间的所有子节点保存在一个名为 `this.props.children` 的特殊组件属性中。在这个例子中，`this.props.children == "Questions"`。至于 `children` 属性的具体结构并没有记载在 React 官方文档，因此不要尝试去读取其中的内容。你需要做的就是将 `this.props.children` 原样写在 `render` 方法中即可。

掌握了这一点，就可以将硬编码的“Questions”换为变量 `this.props.children` 了。现在 React 会把你放在 <Divider> 标签之间的任何东西渲染出来。

```
class Divider extends React.Component {
  render() {
    return (
      <div className="divider">
        <h2>{this.props.children}</h2><hr />
      </div>
    );
  }
};
```

至此，就可以像使用任何 HTML 元素一样使用 <Divider> 组件了。

```
<Divider>Questions</Divider>
```

当我们把上面的 JSX 代码转换为 JavaScript 时，会得到下面的结果（转换为 ES6 代码）：

```
class Divider extends React.Component {
  render() {
    return (
      React.createElement("div", {className: "divider"},
        React.createElement("h2", null, this.props.children),
        React.createElement("hr", null)
      )
    );
  }
};
```

而最终渲染输出的结果正如你所期待的那样：

```
<div className="divider">
  <h2>Questions</h2><hr />
</div>
```

JSX与HTML有何不同

JSX 很像 HTML，但却不是 HTML 语法的完美复制品（这样说是有充分理由的）。实际上，JSX 规范中这样声明：

> 这个规范（JSX）并不尝试去遵循任何XML或HTML规范。JSX是作为一种ECMAScript特性来设计的，至于大家觉得JSX像XML这一事实，那仅仅是因为大家比较熟悉XML。以上内容摘自http://facebook.github.io/jsx/。

下面我们探索一下 JSX 与 HTML 语法上的几点关键区别。

属性

在 HTML 中可以用内联的方式给每个节点设置属性，像这样：

```
<div id="some-id" class="some-class-name">...</div>
```

JSX 以同样的方式实现了属性的设置，同时还提供了将属性设置为动态 JavaScript 变量的便利。要设置动态的属性，需要把原本用引号括起来的文本替换成花括号包裹的 JavaScript 变量。

```
var surveyQuestionId = this.props.id;
var classes = 'some-class-name';
...
<div id={surveyQuestionId} className={classes}>...</div>
```

对于更复杂的情景，还可以把属性设置为一个函数调用返回的结果。

```
<div id={this.getSurveyId()} >...</div>
```

现在，React 每渲染一个组件时，我们指定的变量和函数会被求值，而最终生成的 DOM 结构会反映出这个新的状态。

访问*http://git.io/vlcpa*，可以阅读到示例项目的全部源码，这个项目将贯穿在本书的内容中。

条件判断

在 React 中，一个组件的 HTML 标签与生成这些标签的代码内在地紧密联系在一起。这意味着可以轻松地利用 JavaScript 强大的魔力，比如循环和条件判断。

要想在组件中添加条件判断似乎是一件很困难的事情，因为 if/else 逻辑很难用 HTML 标签来表达。直接往 JSX 中加入 `if` 语句会渲染出无效的 JavaScript：

```
<div className={if(isComplete) { 'is-complete' }}>...</div>
```

而解决的办法就是使用以下某种方法：

- 使用三目运算符
- 设置一个变量并在属性中引用它
- 将逻辑转化到函数中
- 使用 && 运算符

下面简单地演示一下各种方法。

使用三目运算符

```
...
render() {
  return (
    <div
      className={this.state.isComplete ? 'is-complete' : ''}
    >
      ...
    </div>
```

```
  );
}
...
```

虽然对于文本来说三目运算符可以正常运行，但是如果想要在其他情况下很好地应用 React Component，三目运算符就可能显得笨重又麻烦了。对于这些情况最好是使用下面的方法。

使用变量

```
...
getIsComplete() {
  return this.state.isComplete ? 'is-complete' : '';
}
render() {
  var isComplete = this.getIsComplete();
  return (
    <div className={isComplete}>...</div>
  );
}
...
```

使用函数

```
...
getIsComplete() {
  return this.state.isComplete ? 'is-complete' : '';
}
render() {
  return (
    <div className={this.getIsComplete()}>...</div>
  );
}
...
```

使用逻辑与（&&）运算符

对于 null 或 false 值 React 不会输出任何内容，因此可以使用一个后面跟随了期望字符串的布尔值来实现条件判断。如果这个布尔值为 true，那么后续的字符串就会被使用。

```
render() {
  return (
    <div className={this.state.isComplete && 'is-complete'}>
      ...
    </div>
  );
}
```

非DOM属性

下面的特殊属性只在 JSX 中存在 ：

- key
- ref
- dangerouslySetInnerHTML

下面我们将讨论更多的细节。

键（key）

key 是一个可选的唯一标识符。元素或者列表与相邻节点的位置可能会发生变化，比如当用户在进行搜索操作时，或者当一个列表中的元素被增加、删除时。当这些情况发生时，组件可能并不需要被销毁并重新创建。

通过给组件设置一个独一无二的键，并确保它在一个渲染周期中保持一致，使得 React 能够更智能地决定应该重用一个组件，还是销毁并重新创建一个组件，进而提升渲染性能。当两个已经存在于 DOM 中的组件交换位置时，React 能够匹配对应的键并进行相应的移动，且不需要完全重新渲染 DOM。

引用（ref）

`ref` 允许父组件在 `render` 方法之外保持对子组件的一个引用。

在 JSX 中，可以通过在属性中设置期望的引用名来定义一个引用。

```
...
render() {
  return <div>
    <input ref="myInput" ... />
  </div>;
}
...
```

然后，就可以在组件中的任何地方使用 `this.refs.myInput` 获取这个引用了。对于像 `input` 这样的 DOM 组件来说，ref 引用的值就是这个输入框的 DOM 节点；而对于复合组件来说，引用的值是这个组件的一个实例。在实际应用开发过程中，应该很少用到 ref，因为这是背离了 React 声明式特性的特殊用法。

更多关于父 / 子组件关系及所有权的详细讨论请参阅第 6 章。

设置原始的HTML

`dangerouslySetInnerHTML`——有时候需要将 HTML 内容设置为字符串，尤其是使用了通过字符串操作 DOM 的第三方库时。为了提升 React 的互操作性，这个属性允许使用 HTML 字符串。然而如果能避免使用它，还是不要使用。要让这个属性发挥作用，需要把字符串设置到一个主键为 `__html` 的对象里，像这样：

```
...
render() {
  var htmlString = {
    __html: "<span>an html string</span>"
  };
  return <div dangerouslySetInnerHTML={htmlString} ></div>;
```

```
}
...
```

---

dangerouslySetInnerHTML

这个属性可能很快会发生改变，参见下面的网址：

https://github.com/facebook/react/issues/2134

https://github.com/facebook/react/pull/1515

事件

在所有浏览器中，事件名已经被规范化并统一用驼峰形式表示。例如，change 变成了 onChange，click 变成了 onClick。在 JSX 中，捕获一个事件就像给组件的方法设置一个属性一样简单。

```
...
handleClick(event) {...},
render() {
  return (
    <div
      onClick={(e) => this.handleClick(e)}
    >
      ...
    </div>
  );
}
...
```

注意，在这里使用了箭头函数因为这样可以自动绑定 this。如果不这样写，在 handleClick 中 this 将会是 undefined。同时，这样的写法能更轻松地判断该把哪些参数传递给对应的函数。

更多关于 React 中事件系统的细节请参阅第 9 章。

注释

JSX 本质上就是 JavaScript，因此可以在标签内添加原生的 JavaScript 注释。注释可以用以下两种形式添加：

1. 当作一个元素的子节点。
2. 内联在元素的属性中。

作为子节点

子节点形式的注释只需要简单地包裹在花括号内即可，并且可以跨越多行。

```
<div>
  {/* a comment about this input
      with multiple lines */}
  <input name="email" placeholder="Email Address" />
</div>
```

作为内联属性

内联的注释可以有两种形式。首先，可以使用多行注释：

```
<div>
  <input
    /*
      a note about the input
    */
    name="email"
    placeholder="Email Address" />
</div>
```

也可以使用单行注释：

```
<div>
  <input
```

```
    name="email" // a single-line comment
    placeholder="Email Address" />
</div>
```

特殊属性

由于 JSX 会转换为原生的 JavaScript 函数，因此有一些关键词我们是不能用的——如 `for` 和 `class`。

要给表单里的标签添加 `for` 属性需要使用 `htmlFor`。

```
<label htmlFor="for-text" ... >
```

而要渲染一个自定义的 `class` 需要使用 `className`。如果你比较习惯 HTML 语法，那么可能会觉得这样做有些别扭。但是从 JavaScript 角度来看，这样做就显得很一致了。因为我们可以通过 `elem.className` 来获取一个元素的 `class`。

```
<div className={classes} ... >
```

样式

最后，我们要谈谈内联样式。React 把所有的内联样式都规范化为了驼峰形式，与 JavaScript 中 DOM 的 style 属性一致。

要添加一个自定义的样式属性，只需简单地把驼峰形式的属性名及期望的 CSS 值拼装为对象即可。

```
var styles = {
  borderColor: "#999",
  borderThickness: "1px"
};
React.renderComponent(<div style={styles}>...</div>, node);
```

没有JSX的React

所有的 JSX 标签最后都会被转换为原生的 JavaScript。因此 JSX 对于 React 来说并不是必需的。然而，JSX 确实减少了一部分复杂性。如果你不打算在 React 中使用 JSX，那么在 React 中创建元素时需要知道以下三点：

1. 定义组件类。
2. 创建一个为组件类产生实例的工厂。
3. 使用工厂来创建 ReactElement 实例。

创建React元素

回想一下我们之前定义过一个 Divider 组件类。下面它被重命名为 DividerClass，以此来明确它的目的。

```
class DividerClass extends React.Component {
  render() {
    return (
      React.createElement("div", {className: "divider"},
        React.createElement("h2", null, this.props.children),
        React.createElement("hr", null)
      )
    );
  }
});
```

要在没有 JSX 的情况下使用这个 DividerClass，可以调用 React.createElement 或 React.createFactory。

要直接创建元素，只需要简单地调用 createElement 方法。

```
var divider = React.createElement(DividerClass, null, 'Questions');
```

而要创建一个工厂，首先需要使用 createFactory 方法。

```
var Divider = React.createFactory(DividerClass);
```

现在有了工厂函数，就可以使用它自由地创建 `ReactElement` 了。

```
var divider = Divider(null, 'Questions');
```

延伸阅读及参考引用

即使你不赞同在 JavaScript 里写 HTML 标签这一理念，也希望你能够理解在 JavaScript 及其渲染出来的 HTML 标签的紧密联系中，JSX 是如何提供一种解决方案的。随着受欢迎程度的逐渐增加，JSX 也有了自己的规范，这些规范提供了深层次的技术定义。如果你还不确定是否要使用 JSX，或者对它的工作方式存在疑惑，有一些工具可以帮助你进行试验。

JSX官方规范

2014 年 9 月 Facebook 发布了一份 JSX 官方规范，陈述了他们要创造 JSX 的根本原因，以及一些关于语法上的技术细节。

> 可以在*http://facebook.github.io/jsx/*上阅读到更多信息。

在浏览器中实验

有很多可选的工具可以用于测试 JSX。React 文档中的 *Getting Started* 页面给出了两个指向 JSFiddle 的链接，其中一个内置了 JSX，另一个没有。

http://facebook.github.io/react/docs/getting-started.html

对于现实中的应用，官方推荐的工具是 Babel，它提供了几乎完整的 ES6 支持。

https://babeljs.io/

在下一章中我们将探索 React 组件的生命周期。

第3章 组件的生命周期

在组件的整个生命周期中，随着该组件的 props 或者 state 发生改变，它的 DOM 表现也将有相应的变化。一个组件就是一个状态机：对于特定的输入，它总会返回一致的输出。

React 为每个组件提供了生命周期钩子函数去响应不同的时刻——创建时、存在期及销毁时。我们在这里将按照这些时刻出现的顺序依次介绍——从实例化开始，到活动期，直到最后被销毁。

生命周期方法

React 的组件拥有简洁的生命周期 API，它仅仅提供你所需要的方法，而不会去追求全面。接下来我们按照它们在组件中的调用顺序来看一下每个方法。

实例化

一个实例初次被创建时所调用的生命周期方法与其他各个后续实例被创建时所调用的方法略有不同。当你首次使用一个组件类时，你会看到下面这些方法依次被调用：

- constructor
- componentWillMount
- render
- componentDidMount

存在期

随着应用状态的改变，以及组件逐渐受到影响，你将会看到下面的方法依次被调用：

- componentWillReceiveProps
- shouldComponentUpdate
- componentWillUpdate
- render
- componentDidUpdate

销毁&清理期

最后，当该组件被使用完成后，componentWillUnmount 方法将会被调用，目的是给这个实例提供清理自身的机会。

现在，我们将会依次详细介绍这三个阶段：实例化、存在期及销毁 & 清理期。

实例化

当每个新的组件被创建、首次渲染时，有一系列的方法可以用来为其做准备工作。这些方法中的每一个都有明确的职责，如下所示。

constructor(props,context)

构造器准许你设置实例的属性以及组件的状态。一个典型的构造器就像下面这样：

```
class Foo extends React.Component {
  constructor(props){
    super(); // 调用父组件的构造器，必需项
    this.state = {x: 'y'};
  }
  render(){ ... }
}
```

componentWillMount

该方法会在完成首次渲染之前被调用。这也是在 `render` 方法调用前可以修改组件 state 的最后一次机会。它的存在仅仅是为了体现生命周期的完整性；是 `createClass` 的遗留物，现在已经被 constructor 替代。

render

在这里会创建一个虚拟 DOM，用来表示组件的输出。对于一个组件来说，render 是唯一一个必需的方法，并且有特定的规则。`render` 方法需要满足下面几点：

- 只能通过 `this.props` 和 `this.state` 访问数据。
- 可以返回 `null`、`false` 或者任何 React 组件。
- 只能出现一个顶级组件（不能返回一组元素）。
- 必须纯净，意味着不能改变组件的状态或者修改 DOM 的输出。

render 方法返回的结果不是真正的 DOM，而是一个虚拟的表现，React 随后会把它和真实的 DOM[1] 做对比，来判断是否有必要做出修改。

1 原文是“real DOM”，应该理解为内存中的 DOM 表现，而非浏览器中的。——译者注

componentDidMount

在 render 方法成功调用并且真实的 DOM 已经被渲染之后，可以在 `componentDidMount` 内部通过 `ReactDOM.findDOMNode(this)` 方法或者使用 ref 来访问它。

这就是可以用来访问原始 DOM 的生命周期钩子函数。比如，当你需要测量渲染出 DOM 元素的高度，或者使用计时器来操作它，亦或运行一个自定义的 jQuery 插件时，可以将这些操作挂载到这个方法上。

举例来说，假设需要在一个通过 React 渲染出的表单元素上使用 jQuery UI 的 Autocomplete 插件，则可以这样使用它：

```
// 需要自动补全的字符串列表
var datasource = [...];

class MyComponent extends React.Component {
  render() {
    return (
      <input ... />
    );
  }
  componentDidMount() {
    $(ReactDOM.findDOMNode(this)).autocomplete({
      sources: datasource
    });
  }
});
```

> 注意，当React运行在服务端时，`componentDidMount`方法不会被调用。

存在期

此时，组件已经渲染好并且用户可以与它进行交互。通常是通过一次鼠标点击、手指点按或者键盘事件来触发一个事件处理器。随着用户改变了组件或者整个应用的 state，便会有新的 state 流入组件树，并且我们将会获得操控它的机会。

componentWillReceiveProps

在任意时刻，组件的 props 都可以通过父辈组件来更改。出现这种情况时，`componentWillReceiveProps` 方法会被调用，你也将获得更改 props 对象及更新 state 的机会。

比如，在示例应用中，当用户在不同的面板之间切换时，可以通过从服务端获取到相关的数据来响应这些变化。

```
componentWillReceiveProps(nextProps) {
  var boardId = nextProps.params.boardId;
  if (boardId !== this.props.params.boardId) {
    Actions.State.changeBoard({type: 'board', name: boardId});
  }
}
```

> 可以在*http://git.io/vlcpa*阅读到我们示例应用的完整源码，一个问卷制作工具。

shouldComponentUpdate

React 非常快，不过还可以让它更快——通过调用 `shouldComponentUpdate` 方法在组件渲染时进行精确优化。

如果确定某个组件或者它的任何子组件不需要渲染新的 props 或者 state，则该方法会返回 `false`。

> 在首次渲染期间或者调用了forceUpdate方法后，这个方法不会被调用。

返回 false 则是在告诉 React 要跳过调用 `render` 方法，以及位于 render 前后的钩子函数：`componentWillUpdate` 和 `componentDidUpdate`。

该方法是非必需的，并且大多数情况下没必要在开发中使用它。草率地使用它可能导致不可思议的 bug，所以最好等到能够准确地测量出应用的瓶颈后，再去选择要在何处进行恰当的优化。

如果你谨慎地使用了不可变的数据结构作为 state，同时只在 render 方法中读取 props 和 state 中的数据，那你就可以放心地重写 `shouldComponentUpdate` 方法来比较新旧 props 及 state 了。

另外一个关于性能调优的选项是 React 插件提供的 `PureRenderMixin` 方法。如果你的组件是纯净的，即对于相同的 props 和 state，它总会渲染出一样的 DOM，那么这个 mixin 会自动调用 `shouldComponentUpdate` 方法来比较 props 和 state，如果比较结果一致则返回 false。在本书后面的部分会有一个用到它的示例。

componentWillUpdate

和 `componentWillMount` 方法类似，组件会在接收到新的 props 或者 state 进行渲染之前，调用该方法。

> 注意，不可以在该方法中更新state或者props，而应该借助componentWillReceiveProps方法在运行时更新state。

componentDidUpdate

和 `componentDidMount` 方法类似，该方法给了我们更新已经渲染好的 DOM 的机会。

销毁&清理期

每当 React 使用完一个组件，这个组件就必须从 DOM 中卸载随后被销毁。此时，仅有的一个钩子函数会做出响应，完成所有的清理和销毁工作，这很必要。

componentWillUnmount

最后，随着一个组件从它的层级结构中移除，这个组件的生命也走到了尽头。该方法会在组件被移除之前被调用，让你有机会做一些清理工作。在 `componentDidMount` 方法中添加的所有任务都需要在该方法中撤销，比如创建的定时器或者添加的事件监听器。否则，结果将会出现错误（如果在一个没有卸载的组件中使用 `setState`）并且会带来各种泄漏问题（内存、监听器等）。

反模式：把计算后的值赋给state

值得注意的是，尝试在 constructor 中通过 `this.props` 来创建 state 的做法是一种反模式。应该专注于维护一个单一数据源。React 的设计使得备份单一数据源更加轻松，这也是 React 的一个优势。

上文提到从 props 中计算值然后将它赋值为 state 的做法是一种反模式。比如，在组件中，把日期转化为字符串形式，或者在渲染之前将字符串转换为大写。这些都不是 state，只能够在渲染时进行计算。

当组件的 state 值和它所基于的 prop 不同步，因而无法了解到 render 函数的内部结构时，可以认定为一种反模式。

```
class Day extends React.Component {
  constructor(props){
    super();
    // 反模式：经过计算后值不应该赋给 state
    this.state = {day: props.date.getDay()};
```

```
  }
  render() {
    return (
      <div>Day: {this.state.day}</div>
    );
  }
}
```

正确的模式应该是在渲染时计算这些值。这保证了计算后的值永远不会与派生出它的 props 值不同步。

```
class Day extends React.Component {
  render(){
    return (
      <div>Day: {this.props.date.getDay()}</div>
    );
  }
}
```

总结

React 生命周期方法提供了精心设计的钩子函数，会伴随组件的整个生命周期。和状态机类似，每个组件都被设计成了能够在整个生命周期中输出稳定并且语义化的标签。

组件不会独立存在，随着父组件将 props 传递给它们的子组件，以及那些子组件渲染它们自身的子组件，必须谨慎地考虑数据是如何流经整个应用的。每一个子组件真正需要掌控多少数据，哪个组件来控制应用的状态？这些涉及了下一章的话题：数据流。

第 4 章 数据流

在 React 中，数据的流向是单向的——从父节点传递到子节点，因而组件是简单且易于把握的，它们只需从父节点获取 props 渲染即可。如果顶层组件的某个 prop 改变了，React 会递归地向下遍历整棵组件树，重新渲染所有使用这个属性的组件。

React 组件内部还具有自己的状态，这些状态只能在组件内修改。React 组件本身很简单，可以把它们看成是一个函数，它接收 props 和 state 作为参数，返回一个虚拟的 DOM 表现。

在本章我们将学习：

- props 是什么。
- state 是什么。
- 什么时候用 props 以及什么时候用 state。

Props

props 就是 properties 的缩写，可以使用它把任意类型的数据传递给组件。

可以在挂载组件的时候设置它的 props：

```
var comments = [{ author: 'Example', body: 'Hey' }];
<Comments comments={comments}/>
```

> 可以在*http://git.io/vlcpa*阅读到我们示例应用的完整源码，一个问卷制作工具。

可以通过 `this.props` 访问 props，但绝对不能通过这种方式修改它。一个组件绝对不可以自己修改自己的 props。

在 JSX 中，可以把 props 设置为字符串：

```
<Link to="/user/example">Example</Link>
```

也可以使用 {} 语法来设置，里面可以直接使用 JavaScript 表达式：

```
<Link to={'/user/' + comment.author}>{comment.author}</a>
```

还可以使用 JSX 的展开语法把 props 设置成一个对象：

```
class Button extends React.Component {
  render() {
    // 把传递进来的 props 展开
    // 申明一个我们所用的 className
    var className = ['Button', this.props.className].join(' ');
    return <button {...this.props} className={className} />;
  }
};
```

props 还可以用来添加事件处理器：

```
class SaveButton extends React.Component {
  render() {
    return (
      <Button
          onClick={() => this.handleClick()}>
        Save
      </Button>
    );
  }
  handleClick() {
     // ...
  }
};
```

这里我们给 Button 组件传递了一个 onClick 属性，名为 this.handleClick 函数。当用户点击按钮时，handleClick 方法将被调用。

PropTypes

通过在组件中定义一个配置对象，React 提供了一种验证 props 的方式。同时也可以作为一份便捷的参考文档：

```
class Post extends React.Component {
  static propTypes = {
    data: PropTypes.shape({
      id: PropTypes.string,
      url: PropTypes.string,
      author: PropTypes.string,
      title: PropTypes.string,
      createdAt: PropTypes.number,
    }).isRequired,
  };
// ...
};
```

组件初始化时，如果传递的属性和 propTypes 不匹配，则会打印一个 console.error 日志。

如果是可选的配置，则可以去掉 .isRequired。

在应用中使用 propTypes 并不是强制性的，但这提供了一种极好的方式来描述组件的 API。

defaultProps

可以为组件添加 defaultProps 属性来设置属性的默认值。不过，这应该只针对那些非必需的属性。

```
var Button = React.createClass({
  static propTypes = {
      which: PropTypes.oneOf(['primary', 'secondary', 'normal'])
    };
  static defaultProps = {
    which: 'normal'
  };
  // ...
};
```

State

每一个 React 组件都可以拥有自己的 state，state 与 props 的区别在于前者只存在于组件的内部。

state 可以用来确定一个元素的视图状态。注意这个组件已经将 React 大部分概念都包含了进来，别想一下子搞懂所有的部分：

```
class SimpleSelect extends React.Component {
  static propTypes = {
```

```
    options: PropTypes.arrayOf(PropTypes.shape({
      id: PropTypes.any,
      name: PropTypes.string,
    })).isRequired,
    value: PropTypes.any,
    valueText: PropTypes.any,
    onSelect: PropTypes.func,
  };

  constructor() {
    super();
    this.state = {open: false,};
  }

  toggleOpen() {
    this.setState({open: !this.state.open});
  }

  render() {
    return (
      <div>
        <Button onClick={() => this.toggleOpen()}>
          {this.props.valueText || 'Select an option'}
        </Button>
        {this.renderItems()}
      </div>
    );
  }

  renderItems() {
    if (!this.state.open) return null;
    return (
```

```
      <ul>
        {this.props.options.map((item, i) => {
          return (
            <li key={i} onClick={() => this.handleSelect(item)}>
              {item.name}
            </li>
                );
        })}
      </ul>
         );

  }
  handleSelect(item) {
    this.props.onSelect(item);
    this.setState({open: false});
  }
};
```

在上例中，state 被用来记录是否在下拉框中显示可选项。

我们在构造函数中进行状态的初始化，将 open 设置为 false。当下拉选框被点击时，`toggleOpen` 被调用，open 状态切换为打开。当选项被选中时，`handleSelect` 被调用，open 变为 false。

暂时撇去设置 `this.state.open` 相关的代码不谈，来看看它在 `renderItems` 方法里的使用。当 this.state.open 值为 false 时，选项就不会被渲染出来。每次当 `setState` 被调用，或者从父组件接收到新的 props 时，`render` 和 `renderItems` 都会重新运行一遍。在 React 中，更新源自于对 state 或者 props 更改，而不是直接对操作界面。

千万不能直接修改 `this.state`，永远记得要通过 `this.setState` 方法修改。

状态总是让组件变得更加复杂，但是如果把状态针对不同的组件独立开来，应用就会更容易调试一些。

放在state和props的各是哪些部分

不要在 state 中保存计算出的值，而应该只保存最简单的数据，即那些组件正常工作时的必要数据。比如前面出现过的展开状态，如果没有它就无法打开（或关闭）下拉框；比如输入框的值、用户鼠标的位置，或者 AJAX 请求的结果，等等。

不要尝试把 props 复制到 state 中。要尽可能把 props 当作数据源。

无状态的函数式组件

可以把无状态的函数式组件当作单一确认数据源这种理念的一种体现。可以利用它来简化组件。函数式组件在 React 0.14 被引入进来，并不是包含多个方法的类，而是一个单独的方法。这个函数接收 props 作为参数，返回期望的元素，看上去就像独立出来的通常组件的 render 方法。

下面就是函数式组件 Day ：

```
function Day(props) {
  return (
    <div>Day: {props.day}</div>
  );
}
```

与通常的组件相比，这种风格组件有几个不同的地方。它明显更简洁，但这很大程度上也是因为移除了多个普通组件所具备的特性。尤其需要指出，函数式组件不支持下面这些特性：

- state（参见上一节）
- 生命周期方法（参见第 3 章）
- refs 和 findDOMNode（参见第 8 章）

不过，函数组件并不仅仅是一个函数，它仍然支持 `propTypes` 和 `defaultProps[^1]`，可以与 props 一起使用。

有了这个特性，函数式组件就可以作为特性组件（这类组件往往只有一个 `render` 方法）的简易替代者，`propTypes` 和 `defaultProps` 也是可选的。既然很多 React 的用户界面都是由符合这种描述的组件组成的，那用这种风格编写的组件越多，代码也会变得越简单，且代码仍然保持清晰。

总结

本章我们学习了：

1. 使用 props 在整个组件树中传递数据和配置。
2. 避免在组件内部修改 this.props，请把 props 当作是只读的。
3. 使用 props 来做事件处理器，与子组件通信。
4. 使用 state 存储简单的视图状态，比如说下拉框是否可见这样的状态。
5. 使用 this.setState 来设置状态，而不要使用 this.state 直接修改状态。
6. 当不需要内部状态、refs 和生命周期方法时，将组件变成函数组件可以减少冗余和复杂性。

这一章中我们简单提到了事件处理器，下一章将深入到它的更多细节之中。

第 5 章 事件处理

对用户界面而言，展示只占整体设计因素的一半。另一半则是响应用户输入，即通过 JavaScript 处理用户产生的事件。

React 通过将事件处理器绑定到组件上来处理事件。在事件被触发的同时，更新组件的内部状态。组件内部状态的更新会触发组件重绘。因此，如果视图层想要渲染出事件触发后的结果，它所要做的就是在渲染函数中读取组件的内部状态。

尽管简单地根据正在处理中的事件类型来更新内部状态的做法很常见，但还是有必要使用事件的额外信息来判断如何更新状态。在此情况下，传递给处理器的事件对象将会额外提供与事件相关的信息，方便在更改组件内部状态时使用。

借助这些技术以及 React 高效的渲染，我们能够更容易地响应用户的输入并根据输入内容来更新用户界面。

绑定事件处理器

React处理的事件本质上和原生JavaScript事件一样：MouseEvents事件用于点击处理器，Change事件用于表单元素变化，等等。所有的事件在命名上与原生JavaScript规范一致，并且会在相同的情景下被触发。

React绑定事件处理器的语法和HTML语法非常类似。比如下面的代码，在Save按钮上绑定onClick事件处理器。

```
<button className="btn btn-save" onClick={this.handleSaveClicked}>Save</button>
```

用户点击这个按钮时，组件的handleSaveClicked方法会被调用。这个方法中会包含处理Save行为的逻辑。

> 访问*http://git.io/vlcpa*，可以阅读到示例项目的全部源码，这个项目将贯穿在本书的内容中。

注意，这份代码在写法上类似普遍不推荐的HTML内联事件处理器属性，比如onClick，但其实在底层实现上并没有使用HTML的onClick属性[1]。React只是用这种写法来绑定事件处理器，其内部则按照需要高效地维护着事件处理器。

如果不用JSX，可以选择在参数对象的属性上指定事件处理器。比如[2]：

```
React.DOM.button({className: "btn btn-save", onClick: this.handleSaveClicked},
 "Save");
```

React对处理各种事件类型提供了友好的支持，具体的支持类型列在了其文档的事件系统中。

1 使用的是通过事件代理之类的手法。——译者注

2 从React 0.12.x开始，推荐使用React.createElement的写法，因而文中代码属于低版本的用法。——译者注

事件和状态

设想你有个 Markdown 编辑器，并且需要显示实时的 Markdown 的预览。

React 中通过监听 change 事件并用最新的内容来做更新。

```
class CommentEditor extends React.Component {
  constructor(){
    super();
    this.state = {text: ''};
  }
  render(){
    return (
      <div>
        <input
          value={this.state.text}
          onChange={(e) => this.setState({text: e.target.value})}
        />
      </div>
    );
  }
}
```

根据状态进行渲染

这是一个简单的双向绑定的实现。因为我们的数据在 state 当中，所以渲染 Markdown 预览很方便。

```
render(){
  return (
    <div>
      <input
        value={this.state.text}
```

```
        onChange={(e) => this.setState({text: e.target.value})}
      />
      <Markdown content={this.state.text} />
    </div>
  );
}
```

this.state 的使用方法和 this.props 类似，渲染函数可以根据它的值做不同程度的更新。它可以渲染相同的界面元素而仅仅改变元素的属性，也可以渲染完全不一样的一些元素。

更新状态

更新组件的内部状态会触发组件重绘，所以 Markdown 的预览总是同步到最新的。当 setState 被调用时，render 会被再次调用，不过它会从 this.state 读取当前的值。

更新组件状态有两种方案：组件的 setState 方法和 replaceState 方法。replaceState 用一个全新的 state 对象完整地替换掉原有的 state。使用不可变数据结构来表示状态时，这种方式很有效，不过很少应用于其他场景下。更多的情况下会使用 setState，它仅仅是把传入的对象合并到已有的 state 对象。

比如说，假设下面的代码表示当前状态：

```
{
  title: "My Title",
  text: "Hello",
}
```

这时，调用 this.setState({title: "Other Title"}) 仅仅影响 this.state.title 的值，而 this.state.text 不会受影响。

而调用 this.replaceState({title: "other Title"}) 会将 state 对象整个替换为新的

对象 {title: "Fantastic Survey 2.0"}，包括 this.state.text。这就有可能干扰到 render 函数，因为本来会指望 this.state.text 是字符串而不是 undefined。

有一点很重要，永远不要尝试通过 setState 或者 replaceState 以外的方式去修改 state 对象。类似 this.state.saveInProgress = true 的做法通常不是一个好主意，因为它无法通知 React 是否需要重新渲染组件，而且可能会导致下次调用 setState 时出现意外结果。

状态没有“更新”！

还需要注意一下 setState 是异步的。当你的状态是 {x: 1} 时运行如下代码，console 当中会显示 1。

```
this.setState({x: 2})
console.log(this.state.x);
```

如果需要在状态更新、渲染已经调用完成、更改已经刷新到 DOM 当中之后做一些工作，可以传递一个回调函数作为 setState 的第二个参数。

```
this.setState({x: 2}, () => {
  console.log(this.state.x); // 2
})
```

这也就意味着一个 tick 中的多个状态更新可能会有问题。

```
this.state.x // []
this.setState({xs: this.state.xs.concat[1])}
this.setState({xs: this.state.xs.concat[2])}
```

最终状态会是 [2] 而不是期望的 [1,2]。

可以通过使用原子性的 setState 变体的写法避免这个问题。一般可以用表达式写法的箭头函数，这里为了清晰写得明确一点。

```
this.state.xs // []
  this.setState((state) => {
    var xs = state.xs.concat([1]);
    return {xs: xs};
  });
  this.setState((state) => {
    var xs = state.xs.concat([2]);
    return {xs: xs};
});
```

注意这里用的是 `state` 参数而不是 `this.state`。React 把这些函数排进队列，按照顺序调用。这在实际场景中很少见到，你大概知道一个 tick 中不大会出现多个状态更改，你可能也不在乎丢掉第一次状态更改。

事件对象

很多事件处理器只要触发就会完成功能，但有时也会需要关于用户输入的更多信息。

看一下例子里边的 `CommentEditor` 类：

```
onChange={(e) => {
  this.props.onChange({text: e.target.value, type: 'comment'})
}}
```

React 的事件处理器函数一般会被传入一个事件对象，就像原生 JavaScript 事件监听器的用法。这里的事件监听器会接收一个事件对象，从中获取 `input` 元素的当前值。在事件处理器，尤其是 `onChange` 事件处理器中，通过 `event.target.value` 获取表单中 input 元素的值是常用的方法。

React 把原生的事件封装在一个 `SyntheticEvent` 实例当中，而不是直接把原生的浏览器事件对象传给事件处理器。`SyntheticEvent` 在表现和功能上都与浏览器的原生事件对象一致，并且消除了某些跨浏览器差异，因此你应该可以像使用普通的事件一样使用

`SyntheticEvent`。对于那些需要浏览器原生事件的场景，则可以通过 `SyntheticEvent` 的 `nativeEvent` 属性对其进行访问。

总结

从用户输入到更新用户界面，处理步骤非常简单：

1. 在 React 组件上绑定事件处理器。
2. 在事件处理器当中更新组件的内部状态。组件状态的更新会触发重绘。
3. 实现组件的 `render` 函数，用来渲染 `this.state` 的数据。

到这里我们已经学会用单个组件来响应用户交互了。接下来将继续学习怎样将多个组件复合在一起，构建功能复杂的界面。

第 6 章

组件的复合

在传统 HTML 当中，元素是构成页面的基础单元。但在 React 中，构建页面的基础单元是 React 组件。可以把 React 组件理解成混入了 JavaScript 表达能力的 HTML 元素。实际上写 React 代码主要就是构建组件，就像编写 HTML 文档时使用元素一样。

因为整个 React 应用都是用组件来构建的，因此这本书完全可以写成一本关于 React 组件的书。但是本章不会涵盖组件的每一个方面，只介绍一个特性——组件的复合能力（composability）。

本质上，一个组件就是一个 JavaScript 函数，它接收属性（props）和状态（state）作为参数，并输出渲染好的 HTML。组件一般被用来呈现和表达应用的某部分数据，因此可以把 React 组件理解为 HTML 元素的扩展。

这一章当中不使用仿 reddit 应用的代码，因为一个 CURD（增删改查）的应用更容易说明问题。

扩展HTML

React+JSX 是强大而富有表现力的工具组合，让我们使用类似 HTML 的语法创建自定义元素。比起单纯的 HTML，它们还能够控制生命周期中的行为。这些都是从 `React.Component` 方法开始的。

相较于继承，React 偏爱复合（composition），即通过结合小巧的、简单的组件和数据对象，构造大而复杂的组件。在 ES6 代码中组件以 `React.Component` 为基础，但是它不鼓励更深入地使用继承，而是鼓励通过复合来创造可复用的组件。

React 信奉可组合性，可以混合搭配各种子组件来构成复杂且强大的新组件。为了说明这个问题，看一下用户会怎样回答一个问卷上的问题。

> 访问*http://git.io/vlcpa*，可以阅读到示例项目的全部源码，这个项目将贯穿在本书的内容中。

组件复合的例子

一个渲染选择题的组件要满足以下几个条件：

- 接收一组选项作为输入。
- 把选项渲染给用户。
- 只允许用户选择一个选项。

HTML 提供了一些基本的元素——单选类型的输入框和表单组（input group），可以在这里使用。组件的层级从上往下看是这样的：

```
MultipleChoice RadioInput Input (type="radio")
```

这些箭头表示“有一个”。选择题组件 MulitpleChoice“有一个”单选框 RadicInput，单选框 RadioInput“有一个”输入框元素 Input。这是组合模式（composition pattern）的特征。

组装HTML

让我们从下往上开始组装这个组件。React 当中提供了 DOM 元素的写法（小写字母开头的），因此我们要做的第一件事情是把它封装进一个 RadioInput 组件。这个组件负责定制原本通用的 input，将其精缩成与单选按钮行为一致的组件。我们将其命名为 AnswerRadioInput。

先建立一个脚手架，其中包含所需的渲染方法和基本的标记，用以描述想输出的界面。组合模式开始显现，组件变成了特定类型的输入框。

```
class AnswerRadioInput extends React.Component {
  render() {
    return (
      <div className="radio">
        <label>
          <input type="radio" />
          Label Text
        </label>
      </div>
    );
  }
}
```

添加动态属性

现在 input 还没有内容是动态的，所以下一步需要定义父元素必须传给单选框的那些属性。

- 这个输入框代表什么值或者选项？（必填）
- 用什么文本来描述它？（必填）
- 这个输入框的 name 是什么？（必填）
- 也许需要自定义 id。
- 也许要重载它的默认值。

有了上述列表以后我们就可以定义这个自定义 input 的属性类型了。我们把这些添加到类的 `PropTypes` 对象当中。

```
class AnswerRadioInput extends React.Component {
  ...
}

AnswerRadioInput.propTypes = {
  id: React.PropTypes.string,
  name: React.PropTypes.string.isRequired,
  label: React.PropTypes.string.isRequired,
  value: React.PropTypes.string.isRequired,
  checked: React.PropTypes.bool,
};
```

对于每个非必需的属性我们需要为其定义一个默认值。把它们添加到 `defaultProps` 方法当中。在每个新的实例当中，如果父组件没有提供给它们数值，这些值就会被使用。

```
class AnswerRadioInput extends React.Component {
  ...
}

AnswerRadioInput.PropTypes = {...};
AnswerRadioInput.defaultProps = {
  id: null,
  checked: false
};
```

追踪状态

我们的组件需要记录随时间而变化的数据。尤其是对于每个实例来说都要求是唯一的 id，以及用户可以随时更新的 checked 值。那么我们来定义初始状态。

这些在 React 组件的 constructor 当中进行。直接在 this.state 上定义默认的 state。

注意这里用了 super(props) 来处理默认的属性行为。

```
class AnswerRadioInput extends React.Component {
  constructor(props) {
    super(props);
    var id = props.id ? props.id : uniqueId('radio-');
    this.state = {
      checked: !!props.checked,
      id: id,
      name: id
    };
  }
  ...
}
AnswerRadioInput.PropTypes = {...};
AnswerRadioInput.defaultProps = {...};
```

现在可以更新渲染标记，获取新动态的状态和属性了。

```
class AnswerRadioInput = React.createClass({

  constructor(props) {...}

  render() {
    return (
      <div className="radio">
        <label htlmFor={this.props.id}>
```

```
          <input type="radio"
            name={this.props.name}
            id={this.props.id}
            value={this.props.value}
            checked={this.state.checked} />
          {this.props.label}
        </label>
      </div>
    );
  }
}

AnswerRadioInput.PropTypes = {...};
AnswerRadioInput.defaultProps = {...};
```

整合到父组件当中

现在这个组件已经足够完善，可以用到一个父组件中了。接下来我们来构建下一层——AnswerMultipleChoiceQuestion。这一层的主要作用是渲染一列选项让用户从中选择。按照上面介绍的模式，我们来创建这个组件基本的 HTML 和默认属性。

```
class AnswerMultipleChoiceQuestion extends React.Component {
  constructor(props) {
    super(props);
    this.state = {
      id: uniqueId('multiple-choice-'),
      value:props.value
    };
  }

  render() {
    return (
```

```
      <div className="form-group">
        <label className="survey-item-label"
htmlFor={this.state.id}>{this.props.label}</label>
        <div className="survey-item-content">
              <AnswerRadioInput ... />
            ...
            <AnswerRadioInput ... />
        </div>
      </div>
    );
  }
}

AnswerMultipleChoiceQuestion.propTypes = {
  value: React.PropTypes.string,
  choices: React.PropTypes.array.isRequired,
  onCompleted: React.PropTypes.func.isRequired
};
```

为了生成一列单选框子组件，我们需要对选项列表进行映射，把每一项转化为一个组件。通过辅助函数很容易就处理好了，代码如下。

```
class AnswerMultipleChoiceQuestion = React.createClass({
  ...
  renderChoices() {
    return this.props.choices.map((choice, i) => {
      return (
        <AnswerRadioInput
          id={"choice-" + i}
          name={this.state.id}
          label={choice}
          value={choice}
          checked={this.state.value === choice}
```

```
        />
      );
    });
  }

  render() {
    return (
      <div className="form-group">
        <label className="survey-item-label"
htmlFor={this.state.id}>{this.props.label}</label>
        <div className="survey-item-content">
            {this.renderChoices()}
        </div>
      </div>
    );
  }
}
```

现在 React 的可组合性显得更清晰了。从一个通用的输入框（input）开始，将其定制为一个单项框，最终将其封装进一个选择题组件——一个高度定制的具备特定功能的表单控件。现在渲染一列选项就变得简单了：

```
<AnswerMultipleChoiceQuestion choices={arrayOfChoices} ... />
```

可能有些读者注意到少了点什么——单选框没办法把变化通知给父组件。父组件需要关联 AnswerRadioInput 子组件才能知道子组件的更新，并把子组件转成正确的问卷结果传给服务端。这引出了父组件和子组件关系的问题。

父组件与子组件的关系

到这里我们已经可以把一个表单渲染到屏幕上了，不过注意我们还没有赋予组件获取用户的修改的能力。AnswerRadioInput 组件还没有能力和它的父组件通信。

子组件与其父组件通信的最简单方式就是使用属性（props）。父组件需要通过属性传入一个回调函数，供子组件在需要时进行调用。

首先需要定义 AnswerMultipleChoiceQuestion 在其子组件变更后要做什么。添加一个 handleChanged 方法，然后把它传递给所有的 AnswerRadioInput 组件。

在 ES6 class 中方法不再自动绑定到实例上。可以像下面这样写在 constructor 里进行绑定，或者也可以在 onChange 属性里一次绑定。

```
class AnswerMultipleChoiceQuestion extends React.Component {
  constructor(props) {
    ...
    this.handleChanged = this.handleChanged.bind(this);
  }

  handleChanged(value) {
    this.setState({value: value});
    this.props.onCompleted(value);
  }

  renderChoices() {
    return this.props.choices.map((choice, i) => {

      return (
       <AnswerRadioInput
         id={"choice-" + i}
         name={this.state.id}
           label={choice}
         value={choice}
        checked={this.state.value === choice}
         onChanged={this.handleChanged}
        />
      );
```

```
    });
  }
  ...
}
```

现在需要让每个单选框监听用户更改，然后把数值向上传递给父组件。这需要将一个事件处理器关联到输入框的 onChange 事件上。

```
class AnswerRadioInput extends React.Component {
  constructor(props) {
    ...
    this.handleChanged = this.handleChanged.bind(this);
  }

  handleChanged(e) {
    var checked = e.target.checked;
    this.setState({checked: checked});
    if (checked) {
      this.props.onChanged(this.props.value);
    }
  }

  render() {
    return (
      <div className="radio">
        <label htmlFor={this.state.id}>
          <input type="radio"
            ...
            onChange={this.handleChanged} />
          {this.props.label}
        </label>
      </div>
    );
```

```
  }
}

AnswerRadioInput.propTypes: {
  ...
  onChanged: React.PropTypes.func.isRequired
};
```

总结

现在我们已经见过 React 是怎样使用组合模式的，以及如何帮助我们封装 HTML 元素或者自定义组件，并按照自己的需求定制它们的行为。随着我们对组件进行复合，它们变得更加明确和语义化了。像这样，React 把通用的输入控件

```
<input type="radio" ... />
```

变得具备了更多的意义：

```
<AnswerRadioInput ... />
```

最终得到单个组件，可以把一组数据转变成一个可交互的用户界面。

```
<AnswerMultipleChoiceQuestion choices={arrayOfChoices} ... />
```

组件的复合只是 React 提供的用于定制和特殊化组件的方式之一。React 的 mixin 提供了另一种途径，帮助我们定义可以在多组件之间共享的方法。接下来，我们将学习怎样定义 mixin，以及如何使用它们来共享通用的代码。

第 7 章 高阶组件和Mixins

我们有两种对 React 进行抽象化的方案。其中一种是高阶组件，它会接收一个组件作为参数并返回一个新组件。

而在高阶组件兴起之前，它的角色由 mixins 来扮演。时至今日，有些特殊的用法还是只能靠 mixins 来实现，我们将在下文中进行详细阐述。

简单的例子

让我们写一个简单的高阶组件，它能够通过 props 给子组件传递随机的数字，而 props 就是高阶组件能够与子组件进行沟通的方式。此外还需要将其他的 props 通过 `{...this.props}` 语法传递给子组件。

```
function providesRandomNumber(Component) {
  return class RandomNumberProvider extends React.Component {
    render(){
      return <Component {...this.props} randomNumber={4} />;
    }
  }
}
```

我们可以用这个高阶组件（其本质是一个函数）包裹任意的组件。

```
var MyComponent = providesRandomNumber(
  class MyComponent extends React.Component {
    render(){
      return (
        <div>
          The random number is {this.props.randomNumber}
        </div>
      );
    }
  }
);
```

实际上如果使用 ES7 提案中的装饰器（decorator）语法，这种写法可以变得更加简练。

```
@providesRandomNumber
class MyComponent extends React.Component {
  render(){
    return (
      <div>
        The random number is {this.props.randomNumber}
      </div>
    );
  }
}
```

提示与技巧

一般来说高阶组件都会接收参数，对于这样的组件可以考虑将其柯里化（curry），柯里化后可以像这样调用高阶组件：hoc(Component)、hoc({},Component) 或 hoc({})(Component)。

```
function hoc(options, Component){
  if (typeof options === 'function') return hoc({}, options);
  if (arguments.length < 2) return hoc.bind(null, options ||
{});

  return class ...
}
```

如果此前已经有写好的 mixin，可以根据该 mixin 构建一个高阶组件，然后把所有的内容当作 props 传给子组件。

```
import {History} from 'react-router';

function providesRouter(Component){
  return React.createClass({
    mixins: [History],

    render() {
      return <Component
        {...this.props}
        router={{
          pushState: this.pushState,
        }}
      />
    }
  });
}
```

作为基本原则，应该把所有的静态属性传递给新创建的组件。

```
function providesFoo(Component){
  return Object.assign(class Foo extends React.Component {
    render(){
      ...
    }
  }, Component);
}
```

常见使用场景

高阶组件通常用于全局事件监听，绑定 Flux store、计时器以及任何你想用声明式方法调用的命令式 API。

总结

高阶组件是解决代码段重复的最强大工具之一，它同时还能让组件保持专注于自身的业务逻辑。高阶组件允许我们使用强大的抽象功能，甚至有些问题如果没有高阶组件就无法被优雅地解决。

即使我们只打算在单个组件中使用高阶组件，它还是为我们提供了描述一个特定行为或角色并提供给该组件的能力。高阶组件减少了我们在了解整个组件之前需要阅读的代码量，同时允许我们在不污染组件本身的情况下做一些丑陋的处理（比如管理内部属性 `__interval`）。

当阅读下一章关于 DOM 的内容时，思考一下你能从组件中抽离出来的行为或者角色，最好亲自动手实践一下。

第 8 章 DOM操作

多数情况下，React 的虚拟 DOM 足以用来创建你想要的用户体验，而根本不需要直接操作底层真实的 DOM。通过将组件组合到一起，可以把复杂的交互聚合为呈现给用户的连贯整体。

然而，在某些情况下，为了实现某些需求就不得不去操作底层的 DOM。最常见的场景包括：需要与一个没有使用 React 的第三方类库进行整合，或者执行一个 React 没有原生支持的操作。

为了使这些操作变得容易，React 提供了一个可用于处理受其自身控制的 DOM 节点的方法。这些方法仅在组件生命周期的特定阶段才能被访问到。不过，使用它们足以应对上述场景。

访问受控的DOM节点

想要访问受 React 控制的 DOM 节点，首先必须能够访问到负责控制这些 DOM 的组件。这可以通过为子组件添加一个 `ref` 属性来实现。

```
class DoodleArea extends React.Component {
  render() {
    return <canvas ref="mainCanvas" />;
  }
}
```

这样，就可以通过 `this.refs.mainCanvas` 访问到底层的 `<canvas>` DOM 节点。如你所想，必须保证赋给每个子组件的 `ref` 值在所有子组件中是唯一的；如果为另一个子组件的 `ref` 也赋值为 `mainCanvas`，那么操作就会失效。

注意，不能在 `render` 方法中可靠地访问 `<canvas>` 节点，因为在 `render` 方法完成并且 React 执行更新之前，底层的 DOM 节点可能不是最新的（甚至尚未创建）。

但能够在组件已经挂载，即 `componentDidMount` 事件处理器将会被触发时，可靠地访问到 `<canvas>` 节点。

```
var DoodleArea = React.createClass({
  render: function() {
    // render 方法调用时，组件还未挂载，所以这将引起异常！
    doSomethingWith(this.refs.mainCanvas);

    return <canvas ref="mainCanvas" />
  },

  componentDidMount: function() {
    doSomethingWith(this.refs.mainCanvas);
    // 这里是有效的！我们现在可以访问到 HTML5 Canvas 节点，
    // 并且可以在它上面随意调用 painting 方法。
```

```
  }
});
```

注意，componentDidMount 内部并不是使用 refs 的唯一执行环境。事件处理器也可以在组件挂载后触发，所以可以在事件处理器中使用它 ，就像在 componentDidMount 方法中一样简单。

```
var RichText = React.createClass({
  render: function() {
    return <div ref="editableDiv" contentEditable="true" onKeyDown={this.handleKeyDown}>
  },
  handleKeyDown: function() {
    var editor = this.refs.editableDiv;
    var html = editor.innerHTML;
    // 现在我们可以存储用户已经输入的HTML 内容!
  }
});
```

上面的例子创建了一个带有 contentEditable 属性（值为 true）的 div，允许用户在其内部输入富文本。

尽管 React 本身并没有提供访问组件原生 HTML 内容的方法，但是 keyDown 处理器可以访问到 div 对应的底层 DOM 节点。换言之，它可以访问原生的 HTML。在此处，可以保存用户已经输入内容的一份拷贝，计算并展示出文字的个数，等等。

在组件内部查找DOM节点

尽管 refs 是首选的访问底层 DOM 节点的方式，有时可能想要写一些 DOM 修改的逻辑，它需要不依赖于 refs 在任何组件中运行，又或者需要在引入的第三方组件中查找一个底层的 DOM 节点，而且它并没有设置任何的 refs。

这种情况下，ReactDOM.findDOMNode 才是正解。

```
var RichText = React.createClass({
  render: function() {
    return <div contentEditable="true" onKeyDown={this.handleKeyDown}>
  },
  handleKeyDown: function() {
    // 注意：还是推荐使用 ref 来替代 findDOMNode(this)
    var editor = ReactDOM.findDOMNode(this);
    var html = editor.innerHTML;

    // 现在我们可以存储用户已经输入的 HTML 内容。
  }
});
```

注意，上述并非最佳实践方式。这里使用我们上个部分提到的 ref 会更合适。在这种情况下，如果我们修改了 `render` 方法，比如在外面包裹了一个元素时依旧能正常工作。仅仅在 ref 无法使用或者很难使用的时候选择使用 `findDOMNode`。

请记住，尽管 `refs` 和 `findDOMNode` 很强大，但请在没有其他的方式能够实现你需要的功能时再去选择它们。使用它们会成为 React 在性能优化上的障碍，并且会增加应用的复杂性。所以，只有当常规的技术无法完成所需的功能时，才应该考虑它们。

整合非React类库

有很多好用的 JavaScript 类库并没有使用 React 构建。一些类库不需要访问 DOM（比如日期和时间操作库），但如果需要使用它们，保持它们的状态和 React 的状态之间的同步是成功整合的关键。

假设你需要使用一个 autocomplete 类库，包括了下面的示例代码：

```
autocomplete({
  target: document.getElementById("cities"),
  data: [
```

```
    "San Francisco",
    "St. Louis",
    "Amsterdam",
    "Los Angeles"
  ],
  events: {
    select: function(city) {
      alert("You have selected the city of " + city);
    }
  }
});
```

这个 autocomplete 函数需要一个目标 DOM 节点、一个用作数据展现的字符串清单，以及一些事件监听器。为了兼得 React 和该类库的优势，我们从创建一个使用了这两个库的 React 组件开始。

```
class AutocompleteCities extends React.Component {
  render() {
    return <div ref="autocompleteTarget" />
  }

  static defaultProps = {
    data: [
      "San Francisco",
      "St. Louis",
      "Amsterdam",
      "Los Angeles"
    ]
  };

  handleSelect(city) {
    alert("You have selected the city of " + city);
  }
});
```

为了将该类库封装到 React 中，需要添加一个 componentDidMount 处理器。它可以通过 autocompleteTarget 所指向子组件的底层 DOM 节点来连接这两个接口。

```
class AutocompleteCities extends React.Component {
  render() {
    return <div id="cities" ref="autocompleteTarget" />
  }

  static defaultProps = {...};

  handleSelect(city) {
    alert("You have selected the city of " + city);
  }

  componentDidMount() {
    autocomplete({
      target: this.refs.autocompleteTarget,
      data: this.props.data,
      events: {
        select: this.handleSelect
      }
    });
  }
};
```

注意，componentDidMount 方法只会为每个 DOM 节点调用一次。因此我们不用担心，在同一个节点上两次调用 autocomplete 方法（这个示例中）是否会有副作用。

也就是说，需要记住该组件可能被移除，然后在其他的 DOM 节点上重新渲染，如果在 componentDidMount 方法内导致了 DOM 节点无法被移除，有可能导致内存泄漏或者其他的问题。如果你担心这一点，请确保指定一个 componentWillUnmount 监听器，用于在组件的 DOM 节点移除时清理它自身。

侵入式插件

在我们的 autocomplete 示例中，我们假设 autocompolete 是一个出色的插件，它仅仅会修改自己的子元素。但不幸的是，事实往往并非如此。

我们需要把这些额外的操作在 React 中隐藏掉，否则可能会遇到 DOM 被意外修改的错误。我们同样有必要添加额外的清理工作。

在这个示例中，我们虚构了一个 jQuery 插件，它触发了自定义事件，并且修改了它所依附的元素。假如我们使用了一个非常糟糕的插件，它修改了父元素，我们无能为力，并且它和 React 不兼容。这时最好的做法就是找另一个插件或者修改它的源码。

面对这类侵入式的插件，保护好 React 的最佳方式就是把 DOM 操控权完全交给我们自己。React 会认为下面的组件渲染了一个单独的 div，它没有子元素，也没有 props。

```
class SuperSelect extends React.Component {
  render() {
    return <div ref="holder"/>;
  }
};
```

我们在 componentDidMount 方法中做一些烦琐而丑陋的初始化工作。

```
class SuperSelect extends React.Component {
  render() {
    return <div ref="holder" />;
  }
  componentDidMount() {
    var el = document.createElement('div');
    this.refs.holder.appendChild(el);
    $(el).superSelect(this.props);
    $(el).on('superSelect', this.handleSuperSelectChange);
  }
  handleSuperSelectChange() {
```

```
    // 将处理逻辑恰当地放在这里
  }
};
```

此时，在组件渲染好的 div 内又插入了一个 div，我们自己可以控制内层 div。这同样意味着我们有责任去完成清理工作。

```
componentWillUnmount() {
  // 移除 superSelect 上的所有监听器
  $(this.refs.holder).children().off();

  // 从 DOM 中移除节点
  $(this.refs.holder).empty()
}
```

除了这里的清理工作，最好能够查阅插件的文档，检查是否有清理这些节点的额外需要。它可能设置了全局的事件监听器、定时器或者初始 AJAX 请求，这些都需要被清理掉。

这里还需要一步操作，即处理更新。这可以通过两种方式触发：模拟卸载而后重新挂载，或者使用插件的更新操作 API。前者更可靠，而后者则更高效、清晰。

下面是卸载 / 重新挂载方案的代码。

```
componentDidUpdate() {
  this.componentWillUnmount();
  this.componentDidMount();
}
```

这里是一个假想的情形：

```
componentWillReceiveProps(nextProps) {
  $(this.refs.holder).children().superSelect('update', nextProps);
}
```

封装其他类库和插件的难度与它们中存在的变量个数相关。可能是一个简单的 jQuery 插件，也可能是本身就带有插件的富文本编辑器。对于那些简单的插件，最好是通过将其重写为 React 组件的形式来封装它，而对于对复杂插件而言，可能完全没办法重写。

总结

当仅使用虚拟 DOM 无法满足需求时，可以考虑 `ref` 属性，它允许访问指定的元素。并且在 `componentDidMount` 执行后，可以使用 `findDOMNode` 方法修改它们底层的 DOM 节点。

这允许你使用 React 没有原生支持的功能，或者与那些没有被设计成可以与 React 整合的第三方类库进行整合。

接下来，是时候看一下如何使用 React 创建和控制表单了。

第 9 章

表单

表单是应用必不可少的一部分，只要需要用户输入，哪怕是最简单的输入，都离不开表单。一直以来，单页应用中的表单都很难处理好，因为表单中充斥着用户变幻莫测的状态。要管理好这些状态很费神，也很容易出现 bug。React 可以帮助你管理应用中的状态，自然也包括表单在内。

现在，你应该知道 React 组件的核心理念就是可预知性和可测试性。给定同样的 props 和 state，任何 React 组件都会渲染出一样的结果。表单也不例外。

在 React 中，表单组件有两种类型：约束组件和无约束组件。我们在本章将会学习二者的差异，以及在什么场景下选择哪种组件。

本章内容包括：

- React 中表单事件的使用。
- 使用约束的表单组件来控制数据输入。
- 如何使用 React 修改表单组件界面。
- 在 React 中，表单组件命名的重要性。
- 多个约束的表单组件的处理。
- 创建自定义的可复用的表单组件。
- 在 React 中使用 AutoFocus。
- 创建高可用性应用的建议。

上一章中，我们学习了如何访问 React 组件中的 DOM 元素。React 帮助我们把状态从 DOM 中抽离出来。尽管如此，对于某些复杂的表单组件还是需要访问它们的 DOM。

> 访问http://git.io/vlcpa，可以阅读到示例项目的全部源码。

无约束的组件

你可能不想在很多重要的表单中使用无约束的组件，但它们会帮助你更好地理解约束组件的概念。无约束组件的构造与 React 中大多数据组件相比是反模式的。

在 HTML 中，表单组件与 React 组件的行为方式并不一致。给定 HTML 的 `<input/>` 一个值，这个 `<input/>` 的值仍是可以改变的。这正是无约束组件名称的由来，因为表单组件的值是不受 React 组件控制的。

在 React 中，这种行为与设置 `<input/>` 的 `defaultValue` 一致。

我们可以通过 `defaultValue` 属性设置 `<input/>` 的默认值。

```
// http://jsfiddle.net/pmsy5y2u/
class MyForm extends React.Component {
  render() {
```

```
    return (
      <input
        type="text"
        defaultValue="Hello World!"
      />
    )
  }
};
```

上面这个例子展示的就是无约束组件。组件的 value 并非由父组件设置，而是让 <input/> 自己控制自己的值。

一个无约束的组件没有太大的用处，除非可以访问它的值。因此需要给 <input/> 添加一个 ref 属性，以访问 DOM 节点的值。

在第 8 章中已经提到，ref 是一个不属于 DOM 属性的特殊属性，用来标记 DOM 节点，可以通过 this 上下文访问这个节点。为了便于访问，组件中所有的 ref 都添加到了 this.refs 上。

下面我们在表单中添加一个 <input/>，并在表单提交时访问它的值。

```
// http://jsfiddle.net/opfktus4/
class MyForm extends React.Component {
  submitHandler(event) {
    event.preventDefault();
    // 通过 ref 访问 input
    var helloTo = this.refs.helloTo.value;
    alert(helloTo);
  }
  render() {
    return (
      <form onSubmit={(e) => this.submitHandler(e)}>
        <input
          ref="helloTo"
```

```
          type="text"
          defaultValue="Hello World!" />
        <br />
        <button type="submit">Speak</button>
      </form>
    );
  }
};
```

非约束组件很难使用。首先它们没法根据输入值自动渲染，再者，会导致代码以 DOM 而不是数据为中心。它们让组件组合起来更加艰难，因为缺少标准的方式从一个组合的组件中获取输入。

约束组件

约束组件的模式与 React 其他类型组件的模式一致。表单组件的状态交由 React 组件控制，状态值被存储在 React 组件的 state 中。

如果想要更好地控制表单组件，推荐使用约束组件。

在约束组件中，输入框的值是由父组件设置的。

让我们把之前的例子改成约束组件：

```
// http://jsfiddle.net/1a8xr2z6/
class MyForm extends React.Component {
  constructor() {
    super();
    this.state = {
      helloTo: "Hello World!"
    };
  }
  handleChange(value) {
```

```
    this.setState({
      helloTo: value
    });
  }
  submitHandler(event) {
    event.preventDefault();
    alert(this.state.helloTo);
  }
  render() {
    return (
      <form onSubmit={(e) => this.submitHandler(e)}>
        <input
          type="text"
          value={this.state.helloTo}
          onChange={(e) => this.handleChange(e.target.value)} />
        <br />
        <button type="submit">Speak</button>
      </form>
    );
  }
};
```

其中最显著的变化就是 `<input/>` 的值存储在父组件的 state 中。因此数据流有了清晰的定义。

- 在构造器中设置 `defaultValue`。
- `<input/>` 的值在渲染时被设置。
- `<input/>` 的值 `onChange` 时，change 处理器被调用。
- change 处理器更新 state。
- 在重新渲染时更新 `<input/>` 的值。

虽然与无约束组件相比，代码量增加了不少，但是现在可以控制数据流，在用户输入数据时更新 state。

示例：当用户输入的时候，把字符都转成大写。

```
handleChange(value) {
  this.setState({
    helloTo: value.toUpperCase()
  });
}
```

你可能会注意到，在用户输入数据后，小写字符转成大写形式并添加到输入框时，并不会发生闪烁。这是因为React拦截了浏览器原生的change事件，在 `setState` 被调用后，这个组件就会重新渲染输入框。然后 React 计算差异，更新输入框的值。

可以使用同样的方式来限制可输入的字符集，或者限制用户向邮件地址输入框中输入不合法的字符。

还可以在用户输入数据时，把它们用在其他的组件上。例如：

- 显示一个有长度限制的输入框还可以输入多少字符。
- 显示输入的 HEX 值所代表的颜色。
- 显示可自动匹配下拉列表的可选项。
- 使用输入框的值更新其他 UI 元素。

表单事件

访问表单事件是控制表单不同部分的一个非常重要的方面。

React 支持所有 HTML 事件。这些事件遵循驼峰命名的约定，且会被转成合成事件。这些事件是标准化的，提供了跨浏览器的一致接口。

所有合成事件都提供了 `event.target` 来访问触发事件的 DOM 节点。

```
handleEvent: function(syntheticEvent) {
  var node = syntheticEvent.target;
```

```
  var newValue = node.value;
}
```

这是访问约束组件的值的最简单方式之一，如果元素还有子节点就需要使用 event.currentTarget。

Label

Label 是表单元素中很重要的组件，通过 Label 可以明确地向用户传达你的要求，提升单选框和复选框的可用性。

但 Label 与 for 属性有一个冲突的地方。因为如果使用 JSX，这个属性会被转换成一个 JavaScript 对象，且作为第一个参数传递给组件的构造器。但由于 for 属于 ES3(IE8) 的一个保留字，所以我们无法把它作为一个对象的属性。

在 React 中，与 class 变成了 className 类似，for 也变成了 htmlFor。

```
// JSX
<label htmlFor="name">Name:</label>

// 渲染后
<label for="name">Name:</label>
```

文本框和 Select

React 对 <textarea/> 和 <select/> 的接口做了一些修改，提升了一致性，让它们操作起来更容易。

<textarea/> 被改得更像 <input/> 了，允许我们设置 value 和 defaultValue。

```
// 非约束的
<textarea defaultValue="Hello World" />
```

```
// 约束的
<textarea
  value={this.state.helloTo}
  onChange={this.handleChange} />
```

<select/> 现在接收 value 和 defaultValue 来设置已选项，我们可以更容易地对它的值进行操作。

```
// 非约束的
<select defaultValue="B">
  <option value="A">First Option</option>
  <option value="B">Second Option</option>
  <option value="C">Third Option</option>
</select>

// 约束的
<select value={this.state.helloTo} onChange={this.handleChange}>
  <option value="A">First Option</option>
  <option value="B">Second Option</option>
  <option value="C">Third Option</option>
</select>
```

React 支持多选 select。需要给 value 和 defaultValue 传递一个数组。

```
// 非约束的
<select multiple="true" defaultValue={["A","B"]}>
  <option value="A">First Option</option>
  <option value="B">Second Option</option>
  <option value="C">Third Option</option>
</select>
```

当使用可多选的 select 时，select 组件的值在选项被选择时不会更新，只有选项的 selected 属性会发生变化。可以使用 ref 或者 syntheticEvent.target 来访问选项，检查它们是否被选中。

在下面的例子中，handleChange 循环检查 DOM，并过滤出哪些选项被选中了。

```
// http://jsfiddle.net/yddy2ep0/
class MyForm extends React.Component {
  constructor() {
    super();
    this.state = {
      options: ["B"]
    };
  }
  handleChange(event) {
    var checked = [];
    var sel = event.target;
    for (var i = 0; i < sel.length; i++) {
      var option = sel.options[i];
      if (option.selected) {
        checked.push(option.value);
      }
    }
    this.setState({
      options: checked
    });
  }
  submitHandler(event) {
    event.preventDefault();
    alert(this.state.options);
  },
  render: function() {
    return (
      <form onSubmit={(e) => this.submitHandler(e)}>
        <select multiple="true"
          value={this.state.options}
          onChange={(e) => this.handleChange(e)}
```

```
        >
          <option value="A">First Option</option>
          <option value="B">Second Option</option>
          <option value="C">Third Option</option>
        </select>
        <br />
        <button type="submit">Speak</button>
      </form>
    );
  }
};
```

复选框和单选框

复选框和单选框使用的则是另外一种完全不同的控制方式。

在 HTML 中，类型为 checkbox 或 radio 的 <input/> 与类型为 text 的 <input/> 的行为完全不一样。通常，复选框或者单选框的值是不变的，只有 checked 状态会变化。要控制复选框或者单选框，就要控制它们的 checked 属性。也可以在非约束的复选框或者单选框中使用 defaultChecked。

```
// 非约束的
class MyForm extends React.Component {
  submitHandler(event) {
    event.preventDefault();
    alert(this.refs.mycheckbox.checked);
  }
  render() {
    return (
      <form onSubmit={(e) => this.submitHandler(e)}>
      <input
        ref="mycheckbox"
```

```
        type="checkbox"
        value="A"
        defaultChecked="true" />
      <br />
      <button type="submit">Speak</button>
     </form>
    );
  }
};

// 约束的
var MyForm = React.createClass({
  constructor() {
    super();
    this.state = {
      checked: true
    };
  }
  handleChange(event) {
    this.setState({
      checked: event.target.checked
    });
  }
  submitHandler(event) {
    event.preventDefault();
    alert(this.state.checked);
  }
  render() {
    return (
      <form onSubmit={(e) => this.submitHandler(e)}>
        <input
          type="checkbox"
          value="A"
```

```
          checked={this.state.checked}
          onChange={this.handleChange}
        />
        <br />
        <button type="submit">Speak</button>
      </form>
    );
  }
};
```

在这两个例子中，`<input/>` 的值一直都是 `A`，只有 checked 的状态在变化。

表单元素的name属性

在 React 中，name 属性对于表单元素来说并没有那么重要，因为约束表单组件已经把值存储到了 state 中，并且表单的提交事件也会被拦截。在获取表单值的时候，name 属性并不是必需的。对于非约束的表单组件来说，也可以使用 refs 来直接访问表单元素。

即便如此，name 仍然是表单组件中非常重要的一部分。

- name 属性可以让第三方表单序列化类库在 React 中正常工作。
- 对于仍然使用传统提交方式的表单来说，name 属性是必需的。
- 在用户的浏览器中，name 被用在自动填写常用信息中，比如用户地址等。
- 对于非约束的单选框组件来讲，name 是有必要的，它可作为这些组件分组的依据，确保在同一时刻、同一个表单中拥有同样 name 的单选框只有一个可以被选中。如果不使用 name 属性，这一行为可以使用约束的单选框实现。

下面这个例子把状态存储在 `MyForm` 组件中，实现了非约束单选框具备的分组功能。请注意，这里并没有使用 name 属性。

```
class MyForm extends React.Component {
  constructor() {
```

```
    super();
    this.state = {
      radio: "B"
    };
  }
  handleChange(event) {
    this.setState({
      radio: event.target.value
    });
  }
  submitHandler(event) {
    event.preventDefault();
    alert(this.state.radio);
  }
  render() {
    return (
      <form onSubmit={(e) => this.submitHandler(e)}>
        <input
          type="radio"
          value="A"
          checked={this.state.radio == "A"}
          onChange={(e) => this.handleChange(e)} /> A
        <br />
        <input
          type="radio"
          value="B"
          checked={this.state.radio == "B"}
          onChange={(e) => this.handleChange(e)} /> B
        <br />
        <input
          type="radio"
          value="C"
          checked={this.state.radio == "C"}
```

```
        onChange={(e) => this.handleChange(e)} /> C
      <br />
      <button type="submit">Speak</button>
    </form>
  );
 }
};
```

多个表单元素与change处理器

在使用约束的表单组件时，没人愿意重复地为每一个组件编写 change 处理器。还好有几种方式可以在 React 中重用一个事件处理器。

示例一：箭头函数。

```
class MyForm extends React.Component {
  constructor() {
    super();
    this.state = {
      given_name: "",
      family_name: ""
    };
  }
  handleChange(name, event) {
    var newState = {};
    newState[name] = event.target.value;
    this.setState(newState);

    // ES6 写法
    this.setState({
      [name]: event.target.value,
    });
  }
```

```
  submitHandler(event) {
    event.preventDefault();
    var words = [
      "Hi",
      this.state.given_name,
      this.state.family_name
    ];
    alert(words.join(" "));
  }
  render() {
    return (
      <form onSubmit={this.submitHandler}>
        <label htmlFor="given_name">Given Name:</label>
        <br />
        <input
          type="text"
          name="given_name"
          value={this.state.given_name}
          onChange={(e) => this.handleChange('given_name',e)}/>
        <br />
        <label htmlFor="family_name">Family Name:</label>
        <br />
        <input
          type="text"
          name="family_name"
          value={this.state.family_name}
          onChange={(e) => this.handleChange('family_name',e)}/>
        <br />
        <button type="submit">Speak</button>
      </form>
    );
  }
};
```

示例二：使用 DOMNode 的 name 属性来判断需要更新哪个组件的状态。

```
//http://jsfiddle.net/q3g0sk84/
class MyForm extends React.Component {
  constructor() {
    super();
    this.state = {
      givenName: "",
      familyName: "",
    };
  }
  handleChange(event) {
    this.setState({
      [event.target.name]: event.target.value
    });
  }
  submitHandler(event) {
    event.preventDefault();
    var words = [
      "Hi",
      this.state.givenName,
      this.state.familyName,
    ];
    alert(words.join(" "));
  }
  render() {
    return (
      <form onSubmit={this.submitHandler}>
        <label htmlFor="givenName">Given Name:</label>
        <br />
        <input
          type="text"
          name="givenName"
```

```
          value={this.state.givenName}
          onChange={(e) => this.handleChange(e)}/>
        <br />
        <label htmlFor="familyName">Family Name:</label>
        <br />
        <input
          type="text"
          name="familyName"
          value={this.state.familyName}
          onChange={this.handleChange}/>
        <br />
        <button type="submit">Speak</button>
      </form>
    );
  }
};
```

自定义表单组件

自定义组件是一种极好方式，可以在项目中复用共有的功能。同时，也不失为一种将交互界面提升为更加复杂的表单组件（比如复选框组件或单选框组件）的好方法。

当编写自定义组件时，接口应当与其他表单组件保持一致。这可以帮助用户理解代码，明白如何使用自定义组件，且无须深入到组件的实现细节里。

我们来创建一个自定义的单选框组件，其接口与 React 的 select 组件保持一致。我们不打算实现多选功能，因为单选框组件本来就不支持多选。

```
class Radio extends React.Component {
  static propTypes = {
    onChange: React.PropTypes.func
  };
```

```
constructor() {
  super();
  this.state = {
    value: this.props.defaultValue
  };
}
handleChange(event) {
  if (this.props.onChange) {
    this.props.onChange(event);
  }
  this.setState({
    value: event.target.value
  });
}
render() {
  var value = this.props.value || this.state.value;

  var children = React.Children
    .map(this.props.children, (child, i) => {
    return (
      <label key={i}>
        <input
          type="radio"
          name={this.props.name}
          value={child.props.value}
          checked={child.props.value == value}
          onChange={this.handleChange} />
        {child.props.children}
        <br/>
      </label>
    );
  });
```

```
    return this.transferPropsTo(<span>{children}</span>);
  }
};
```

我们创建了一个同时支持约束和非约束接口的约束组件。

首先要确保的就是传递给 onChange 属性的值的类型必须是函数。然后，把 defaultValue 保存到 state 中。

组件每次渲染时，都会基于传递给组件的选项（作为子元素传进来）来创建标签和单选框。同时我们还需要确保每次渲染时插入的子元素都有相同的 key。这样 React 会把 <input/> 保留在 DOM 中，当用户使用键盘时，React 可以维护当前的 focus 状态。

接下来设置状态 value、name 和 checked，绑定 onChange 处理器，然后渲染新的子元素。

```
// 非约束的
// http://jsfiddle.net/moyfLkfv/
var MyForm = React.createClass({
  submitHandler: function(event) {
    event.preventDefault();
    alert(this.refs.radio.state.value);
  },
  render: function() {
    return <form onSubmit={this.submitHandler}>
        <Radio ref="radio" name="my_radio" defaultValue="B">
          <option value="A">First Option</option>
          <option value="B">Second Option</option>
          <option value="C">Third Option</option>
        </Radio>
        <button type="submit">Speak</button>
      </form>;
  }
});
```

因为值已经被保存到了组件的 state 中，所以我们无须再从 DOMNode 中获取，直接从 state 中获取即可。

```
// 约束的
// http://jsfiddle.net/cwabLksg/
var MyForm = React.createClass({
  getInitialState: function() {
    return {my_radio: "B"};
  },
  handleChange: function(event) {
    this.setState({
      my_radio: event.target.value
    });
  },
  submitHandler: function(event) {
    event.preventDefault();
    alert(this.state.my_radio);
  },
  render: function() {
    return <form onSubmit={this.submitHandler}>
        <Radio name="my_radio"
            value={this.state.my_radio}
            onChange={this.handleChange}>
          <option value="A">First Option</option>
          <option value="B">Second Option</option>
          <option value="C">Third Option</option>
        </Radio>
        <button type="submit">Speak</button>
      </form>;
  }
});
```

作为约束组件来使用时，操作起来与一个多选框没什么区别。传递给 onChange 的事件直接来自于被选中的 `<input/>`。因此，可以通过它来读取当前的值。

作为练习，可以尝试实现对 `valueLink` 属性的支持，这样就可以把这个组件与 `React.addons.LinkedStateMixin` 结合起来使用了。

Focus

控制表单组件的 focus 可以很好地引导用户按照表单逻辑逐步填写，而且还可以减少用户的操作，增强可用性。更多的优点将在下一小节中讨论。

因为 React 的表单并不总是在浏览器加载时被渲染的，所以表单的输入域的自动聚焦操作起来有点不一样。React 实现了 `autoFocus` 属性，因此在组件第一次挂载时，如果没有其他的表单域聚焦时，React 就会把焦点放到这个组件对应的表单域中。下面这个简单 HTML 表单就是通过 `autoFocus` 来聚焦的。

```
// jsx
<input type="text" name="given_name" autoFocus="true" />
```

还有一种方法就是调用 DOMNode 的 `focus()` 方法，手动设置表单域聚焦。

可用性

React 虽然可以提高开发者的生产力，但是也有不尽如人意的地方。

使用 React 编写出来的组件常常缺乏可用性。例如，有的表单缺乏对键盘操作的支持，要提交表单只能通过超链接的 `onClick` 事件，而无法通过在键盘上敲击回车键来实现，而这明明是 HTML 表单默认的提交方式。

要编写具有高可用性的好组件其实也不难。只是编写组件时需要花时间进行更多的思考。好用的组件源于对各种细节的雕琢。

下面是一些创建具备可用性的表单的最佳实践，当然它们不是 React 所特有的。

把要求传达清楚

无论对于应用程序的哪部分来说，好的沟通都是非常重要的，对表单来说尤其如此。

要告诉用户该往表单中填入什么内容，一种不错的方式是使用 HTML label。而且 HTML label 还向用户提供了另一种与类似单选框或者复选框这样的组件进行交互的方式。

placeholder 可以用来显示输入示例或作为没有数据输入时的默认值。有一种常见的误用就是在 placeholder 中显示验证提示，当用户开始输入时验证提示就消失了——这非常不好。更好的做法是在输入框旁边显示验证提示，或者当验证规则没有满足时弹出来。

不断地反馈

紧接着上一条原则，尽可能快地为用户提供反馈也很重要。

出错验证是一个不断反馈的好例子。众所周知，在验证不通过时显示错误信息可以提升表单的可用性。在网页应用的早期，所有用户必须等待表单完成提交之后才知道他们填写的内容是否都是对的。直接在浏览器中进行验证大幅度提高了可用性。对验证错误做出反馈的最佳时机就是在输入 `blur`（失去焦点）时。

还有一点很重要，就是告知用户你正在处理他们的请求。尤其是针对那些需要一些时间来完成的操作。显示加载中、进度条或者发一些消息等都是不错的方式，它们可以告知用户应用并没有被卡住。用户有时会没有耐心，但是如果他们知道应用是在处理他们的请求时，他们可以很有耐心。

过渡和动画是另外一种告知用户应用正在做什么的好方式。请参阅第 10 章来学习如何在 React 中使用动画和过渡。

迅速响应

React 拥有非常强大的渲染引擎。它可以非常显著地提升应用的速度。然而，有时候

DOM 的更新速度并不是拖慢应用的原因。

过渡动画就是一个不错的例子。过长的过渡动画可能会使用户产生挫败感，因为他们不得不等待过渡动画的完成才能继续使用应用。

应用之外的其他因素也可能影响应用的响应速度，比如长时间的 AJAX 调用或者糟糕的网络环境等。如何解决这类问题取决于特定的应用，甚至连开发者都无法控制，比如说第三方的服务。在这种情况下，重要的是给用户提供反馈，告知他们请求的状态。

请记住一点很重要的事情，就是速度是相对的，这取决于用户的感受。显得很快要比真的很快更重要。例如，当用户点击“喜欢”时，可以在给服务器发送 AJAX 之前先增加喜欢数。如果 AJAX 调用要花费太长时间，这种方式会让用户感觉不到延迟。不过这种方式在错误处理方面会产生一些问题。

符合用户的预期

用户对事物如何工作有自己的预期。这种预期基于他们之前的经验。通常他们的这些经验并不是来自于你的应用。

如果你的应用长得像用户所在的平台，用户就会期望它遵循平台的默认行为。

意识到这一点后，你有两种选择：一种是遵循平台的默认行为，另一种是从根本上改变你的用户界面，这样你的应用就不需要模仿其他平台了。

一致性是可预期的另一种形式。如果在应用不同的部分交互是一致的，用户将会学会预测应用新功能的交互。这关系到你的应用所在的平台。

可访问

可访问性也是开发者和设计师在创建用户界面时容易忽略的一点。在考虑界面每一个细节的过程中，必须时刻将用户放在心里。如前所说，你的用户对于事物如何工作有自己的预期，这种预期是基于他们以往的经验的。

用户以往的经验同样会左右他们对不同输入方式的喜好。在某些情况下，他们使用特定的输入设备（比如键盘或者鼠标）时会碰到一些硬件方面的问题；在使用像显示器或者扬声器这样的输出设备时，也可能会碰到问题。

让应用的每个部分都支持全部的输入 / 输出类型是不现实的。重要的是理解用户的需求和喜好，并且先在这些方面发力。

一种极佳的测试应用的可访问性的方式就是只使用一种输入设备，例如键盘、鼠标或者触屏，来访问你的应用。这样可以突出该输入设备可用性的问题。

还需要考虑如果用户的视力受损，他们是如何与你的应用交互的。对于这些用户来说，读屏软件就是他们的眼睛。

HTML5 有一个 Accessible Rich Internet Applications（ARIA）规范，它提供了为读屏软件这样的无障碍技术添加必要语义的方式。通过这种方式，我们就可以说明各个 UI 组件的 `role`（功能），以及在读屏软件活跃或其他情况下隐藏或者显示特定组件。

有很多不错的工具可以帮助你提升应用的可访问性，比如为 Google Chrome 开发的可访问性开发者工具等。

减少用户的输入

减少用户输入可以大幅提高应用的可用性。用户需要输入的内容越少，犯错的可能就越小，要思考的东西就越少。

如迅速响应小节里所说，用户的感觉很重要。包含很多输入域的大表单会让用户感觉到畏惧。将表单切割成较小的更加可控的部分会给用户带来输入不多的印象。反过来也能让用户专注于正在输入的数据。

自动填写是另外一种减少输入的好方法。利用用户浏览器自动填充数据的功能可以减少用户常用信息的重复填写，比如他们的地址或者支付信息。使用标准输入域的名称可以实现自动填写。

自动补全的方式可以引导正在输入信息的用户，这遵循持续反馈原则。例如，当用户在搜索一部电影时，自动补全有助于减少因误拼电影名而产生的问题。

还有一种有效减少输入的方法就是从之前输入的数据中提取信息。例如，如果用户正在输入信用卡信息，可以根据前四个数字来判断信用卡的类型，然后帮助用户选上信用卡的类型。这不但可减少用户输入，而且还能提供验证的反馈给用户，表示他们输入的卡号是正确的。

自动聚焦是一种小巧但能有效提升表单可用性的方式。自动聚焦有助于引导用户找到数据输入的起始位置，用户就无须自己找寻了。这个小工具可以显著地提升用户开始输入数据的速度。

总结

React 把状态管理从 DOM 中提取到组件中，以此来帮助我们管理表单的状态。这允许我们更严格地控制对表单元素的操作，创建复杂的组件用于项目中。

表单是用户在应用中会碰到的最复杂的交互之一。在创建和组织表单组件时，要时刻考虑的重要一点就是表单的可用性。

接下来，你将学习如何为 React 组件添加动画，创建更吸引用户的应用。

第 10 章 动画

现在我们已经能够编写一组复杂的 React 组件了，接下来就来美化一下它们。动画可以让用户体验变得更加流畅与自然，而 React 的 TransitionGroup 插件配合 CSS3 可以让我们在项目中整合动画效果的工作变得易如反掌。

通常情况下，浏览器中的动画都拥有一套极其命令式的 API。你需要选择一个元素并主动移动它或者改变它的样式，以实现动画效果。这种方式与 React 的组件渲染、重渲染方式显得格格不入，因此 React 选择了一种偏声明式的方法来实现动画。

CSS 渐变组（CSS Transition Group）会在合适的渲染及重渲染时间点有策略地添加和移除元素的 class，以此来简化将 CSS 动画应用于渐变的过程。这意味着唯一需要你完成的任务就是给这些 class 写明合适的样式。

间隔渲染以牺牲性能为代价提供了更多的扩展性和可控性。这种方法需要更多次的渲染，但同时也允许为 CSS 之外的内容（比如滚动条位置及 Canvas 绘图）添加动画。

CSS渐变组

在下面的例子中我们将会为评论编辑框的出现和消失添加动画。editingPane 指向的值可能是一个 React 组件，或者是 null。

```
<ReactCSSTransitionGroup
  transitionName='EditingPaneTransition'
  transitionEnterTimeout={300}
  transitionLeaveTimeout={1200}
>
  {editingPane}
</ReactCSSTransitionGroup>
```

ReactCSSTransitionGroup 是一款插件，它在文件顶部通过 var ReactCSSTransitionGroup = require('react-addons-css-transition-group') 语句被引入。

它会自动在合适的时候处理组件的重渲染，同时根据当前的渐变状态调整渐变组的 class 以便实现组件样式的改变。

> 访问 *http://git.io/vlcpa*，可以阅读示例项目的全部源码，这个项目将贯穿在本书的内容中。

给渐变class添加样式

按照惯例，为元素添加 transitionName='EditingPaneTransition' 意味着给它添加了 4 个 class：EditingPaneTransition-enter、EditingPaneTransition-enter-active、EditingPaneTransition-leave 及 EditingPaneTransition-leave-active。当子组件

进入或退出 ReactCSSTransitionGroup 时，CSSTransitionGroup 插件会自动添加或移除这些 class。

下面是示例中的 CSS 样式：

```
.EditingPaneTransition-enter {
  transform: scale(1.2);
  transition: transform 0.3s cubic-bezier(.97,.84,.5,1.21);
}

.EditingPaneTransition-enter-active {
  transform: scale(1);
}

.EditingPaneTransition-leave {
  transform: translateY(0);
  opacity: 0;
  transition: opacity 1.2s, transform 1s cubic-bezier(.
52,-0.25,.52,.95);
}

.EditingPaneTransition-leave-active {
  opacity: 0;
  transform: translateY(-100%);
}
```

渐变生命周期

EditingPaneTransition-enter 与 EditingPaneTransition-enter-active 的区别在于，EditingPaneTransition-enter 这个 class 是组件被添加到渐变组后即刻添加上的，而 EditingPaneTransition-enter-active 则是在下一轮渲染时添加的。这样的设计让你能轻松地定义渐变开始时的样式、结束时的样式以及如何进行渐变。

默认情况下，渐变组同时启用了进入和退出的动画，可以通过给组件添加 transitionEnter={false} 或 transitionLeave={false} 属性来禁用其中一个或全部禁用。除了可以控制选择哪些动画效果外，我们还能根据一个可配置的值在特定的情况下禁用动画，像这样：

```
<ReactCSSTransitionGroup
  transitionName='EditingPaneTransition'
  transitionEnter={this.props.enableAnimations}
  transitionLeave={this.props.enableAnimations}
  // ...
>
  {questions}
</ReactCSSTransitionGroup>
```

使用渐变组的隐患

使用渐变组时主要有两个重要的隐患需要注意。

首先，渐变组会延迟子组件的移除直到动画完成。这意味着如果把一个列表的组件包裹进一个 ReactCSSTransitionGroup 中，却没有为 transitionName 属性指定的 class 明确任何 CSS，这些组件将永远无法被移除——甚至当你尝试不再渲染它们时也不可以。

其次，渐变组的每一个子组件都必须设置一个独一无二的 key 属性。渐变组使用这个属性来判断组件究竟是进入还是退出，因此如果没有设置 key 属性动画可能无法执行，同时组件也会变得无法移除。

注意，即使渐变组只有一个子元素，它也需要设置一个 key 属性。

间隔渲染

使用 CSS3 动画能够获得巨大的性能提升并拥有简洁的代码，但它们并不总是解决问题的正确工具。有些时候你必须要为较老的、不支持 CSS3 的浏览器做兼容，还有些时候你想为 CSS 属性之外的东西添加动画，比如滚动条位置或 Canvas 绘画。在这些情况下，间隔渲染能够满足我们的要求，但是相比 CSS3 动画来说，它会带来一定的性能损耗。

间隔渲染最基本的思想就是周期性地触发组件的状态更新，以明确当前处于整个动画时间中的什么阶段。通过在组件的 `render` 方法中加入这个状态值，组件能够在每次状态更新触发的重渲染中正确表示当前的动画阶段。

因为这种方法涉及多次重渲染，所以通常最好和 `requestAnimationFrame` 一起使用以避免不必要的渲染。不过，在 `requestAnimationFrame` 不被支持或不可用的情况下，降级到不那么智能的 `setTimeout` 就是唯一的选择了。

使用requestAnimationFrame实现间隔渲染

假设你希望使用间隔渲染将一个 `div` 从屏幕的一边移向另一边，可以通过给它添加 `position:absolute` 并随着时间变化不停更新 `left` 或 `top` 属性来实现。根据消耗时间内的变化总量，用 `requestAnimationFrame` 来实现这个动画应该可以得出一个流畅的动画。

下面是具体实现的例子。

```
class Positioner extends React.Component {
  constructor() {super();this.state = {position: 0}}

  resolveAnimationFrame() {
    var timestamp = new Date();
    var timeRemaining = Math.max(0, this.props.animationComple-
teTimestamp - timestamp);

    if (timeRemaining > 0) {
      this.setState({position: timeRemaining});
```

```
    }
  }

  componentWillUpdate() {
    if (this.props.animationCompleteTimestamp) {
      requestAnimationFrame(this.resolveAnimationFrame);
    }
  }

  render() {
    var divStyle = {left: this.state.position};

    return <div style={divStyle}>This will animate!</div>
  }
});
```

在这个例子中，组件的 props 中设置了一个名为 animationCompleteTimestamp 的值，它和 requestAnimationFrame 的回调中返回的时间戳一起被用来计算剩余多少位移。计算的结果存在 this.state.position 中，而 render 方法会用它来确定 div 的位置。

由于 requestAnimationFrame 被 componentWillUpdate 方法调用，所以只要组件的 props 有任何的变动（比如改变了 animationCompleteTimestamp）它就会被触发。它又包含了在 resolveAnimationFrame 中的 this.setState 调用。这意味着一旦 animationComleteTimestamp 被设置，组件就会自动调用后续的 requestAnimationFrame 方法，直到当前时间超过了 animationCompleteTimestamp 为止。

注意，这套逻辑只在基于时间戳的情况下成立。对 animationCompleteTimestamp 所做的改变会触发逻辑，而 this.state.position 的值完全依赖于当前时间与 animationCompleteTimestamp 的差。正因如此，render 方法可以自由地在各种动画中使用 this.state.position，包括设置滚动条位置、在 canvas 上绘画，以及任何中间状态。

使用setTimeout实现间隔渲染

尽管 requestAnimationFrame 总体上能够以最小的性能损耗实现最流畅的动画，但它在较老的浏览器上是无法使用的，而且它被调用的次数可能比你想象的更频繁（也更加无法预测）。在这些情况下可以使用 setTimeout。

```
var Positioner = React.createClass({
  getInitialState: function() { return {position: 0}; },

  resolveSetTimeout: function() {
    var timestamp = new Date();
    var timeRemaining = Math.max(0, this.props.animationCompleteTimestamp
- timestamp);

    if (timeRemaining > 0) {
      this.setState({position: timeRemaining});
    }
  },

  componentWillUpdate: function() {
    if (this.props.animationCompleteTimestamp) {
      setTimeout(this.resolveSetTimeout, this.props.timeoutMs);
    }
  },

  render: function() {
    var divStyle = {left: this.state.position};

    return <div style={divStyle}>This will animate!</div>
  }
});
```

由于 setTimeout 接受一个显式的时间间隔，而 requestAnimationFrame 是自己来决定这个时间间隔的，因此这个组件需要额外依赖一个变量 `this.props.timeoutMs`，以此来明确要使用的间隔。

开源库 ReactTweenState 基于这种动画方式提供了一套方便的抽象接口。

弹簧动画

CSS 渐变动画简单易用，在某些场景下足以满足我们的需求。然而它们也有很多的限制，比如只支持贝赛尔曲线，又或者不支持在渐变过程中暂停或者渐变到一个新值。由于不支持弹簧函数（spring animation），网页端的动画技术已经落后于提供相应支持的移动端或其他原生应用平台。

这就是我们要介绍 react-motion（*https://github.com/chenglou/react-motion*）的缘故。在本文中我们将使用 react-motion 0.3.1，因此当你在阅读代码时请注意版本差异并参考对应版本的文档。

首先，我们需要引入 react-motion 提供的方法：

```
import {TransitionMotion, spring} from 'react-motion';
```

然后我们可以在 render 方法中使用它们。react-motion 提供了看起来有点奇怪的 API，我们需要传递一个函数作为 React 组件的 children，而不是像往常那样直接传递元素本身。react-motion 会将当前动画对应的样式作为参数传递给这个函数，最后在函数里根据这些值进行渲染。

```
<TransitionMotion
  willEnter={() => ({ opacity: spring(0) })}
  willLeave={() => ({ opacity: spring(0) })}
  styles={this.state.show ? {x: {opacity: spring(1)}} : {}}
>
  {() => {
    var {x} = styles;
    if (!x) return null;
```

```
    return <div styles={x}>Hello world</div>;
  }}
</TransitionMotion>
```

当 `this.state.show` 变为 true 时，组件将会基于优雅的物理弹簧渐变动画显示出来，反之亦然。即使这个渐变还没有完成，它也可以平滑地渐变到一个新的值。

可以用 react-motion 的弹簧动画完整地替代 CSS 渐变动画从而实现提升用户体验的目的。

总结

使用这些动画技术，你现在可以：

1. 在状态改变过程中，使用 CSS3 和渐变组高效地应用渐变动画。
2. 使用 `requestAnimationFrame` 为 CSS 之外的东西添加动画，如滚动条位置或 Canvas 绘画。
3. 当 `requestAnimationFrame` 不被支持时降级到 `setTimeout` 方法。
4. 使用弹簧动画。

在下一章中，你会学到如何优化 React 性能！

第 11 章 性能优化

React 的 DOM diff 算法使我们能够在任意时间点高效地重新绘制整个用户界面，并保证最小程度的 DOM 改变。然而，也存在需要对组件进行细致优化的情况，这时就需要渲染一个新的虚拟 DOM 来让应用运行得更加高效。举例来说，该设计在组件树嵌套得非常深时就很有必要。本章将介绍一种简单的配置方法，可以用它来加速应用程序。

shouldComponentUpdate

当一个组件更新时，无论是设置了新的 props 还是调用了 `setState` 方法，React 都会调用该组件所有子组件的 `render` 方法。在大多数时候这样的操作都没有问题，但是在组件树深度嵌套或是 render 方法十分复杂的页面上，这可能会带来些许延迟。

有时候，组件的 render 方法会在不必要的情况下被调用。比如，组件在渲染的过程中并没有使用 props 或 state 的值，或者组件的 props 或 state 并没有在父组件重新渲染时发生改变。这意味着重新渲染这个组件会得到和已存在的虚拟 DOM 结构一模一样的结果，这样的计算过程是没有必要的。

React 提供了一个组件生命周期方法 `shouldComponentUpdate`，我们可以使用它来帮助 React 正确地判断是否需要调用指定组件的 render 方法。

`shouldComponentUpdate` 方法会返回一个布尔值。如果返回 `false` 就是告诉 React 不要调用组件的渲染方法，并使用之前渲染好的虚拟 DOM；如果返回 `true` 则是让 React 调用组件的渲染方法并计算出新的虚拟 DOM。在默认情况下，`shouldComponentUpdate` 方法永远都会返回 true，因此组件总是会调用 render 方法。

注意，在组件首次渲染时，`shouldComponentUpdate` 方法并不会被调用。

`shouldComponentUpdate` 方法接收两个参数——新的 props 和新的 state，用以帮助你决定是否应该重新渲染。举个例子，接收一个 props 并且没有 state 的组件在判断 `shouldComponentUpdate` 时大概是这样的：

```
shouldComponentUpdate(nextProps, nextState){
  if (this.props.data !== nextProps.data) {
    return true;
  }
  return false;
}
```

对于给定同样的 props 和 state 总是渲染出同样结果的组件，可以添加 `react-addons-pure-render-mixin` 插件来处理 `shouldComponentUpdate`。由于使用的是 ES6 的 class，需要 `react-mixin`（*https://github.com/brigand/react-mixin*）来提供 mixin 的支持。这也是为数不多的几个应该使用 mixin 而不是高阶组件的地方。

> 访问*http://git.io/vlcpa*，可以阅读示例项目的全部源码，这个项目将贯穿在本书的内容中。

这个插件会重写 shouldComponentUpdate 方法，并在该方法内对新老 props 及 state 进行对比，如果发现它们完全一致则返回 false，正如上面的例子那样。

在我们的示例项目中有几个组件就是这样简单，比如 EditEssayQuestion 组件，我们可以这样用 PureRenderMixin：

```
import reactMixin from 'react-mixin';
import PureRenderMixin from 'react-addons-pure-render-mixin';
class Foo extends React.Component {
  render(){
    ...
  }
}
reactMixin.onClass(Foo, PureRenderMixin);
```

如果你的 props 或 state 结构较深或较复杂，对比的过程会比较缓慢。为了减少这种情况带来的问题，可以考虑使用不可变的数据结构，比如我们将在第 16 章中详细介绍的 Immutable.js，或使用不可变性辅助插件。

键（key）

多数时候，你会看到在列表中使用 key 属性的情况。它的作用就是给 React 提供一种除组件类之外的识别一个组件的方法。举个例子，假设有一个 div 组件，它的 key 属性为“foo”，后续又将它改为“bar”，那么 React 就会跳过 DOM diff，同时完全弃置 div 所有的子元素，并重新从头开始渲染。

在渲染大型子树以避免 diff 计算时，这样的设计很有用——因为我们知道这种计算就是在浪费时间。除了告诉 React 什么时候要抛弃一个节点之外，在很多情况下 key 还可以在元素顺序改变时使用。举个例子，考虑下面这个基于排序函数展示项目的 render 方法：

```
var items = sortBy(this.state.sortingAlgorithm, this.props.items);
return items.map(function (item) {
  return <img src={item.src} />;
});
```

如果顺序发生了改变，React 会对元素进行 diff 操作并确定出最高效的操作是改变其中几个 img 元素的 src 属性。这样的结论其实是非常低效的，同时可能会导致浏览器查询缓存，甚至导致新的网络请求。

要解决这个问题，我们可以给每个 img 元素简单地添加一些独一无二的字符串（或数字）。

```
return <img src={item.src} key={item.id} />;
```

这样 React 得出的结论就不是改变 `src` 属性，而是使用 `insertBefore` 操作，而这个操作是移动 DOM 节点最高效的方法。

> 单一级别约束对于指定的父组件，每个子组件的key必须是独一无二的。这同时也意味着从一个父组件移动到另一个父组件的情况是不会被处理的。

除了改变顺序外，这个操作同样适用于插入操作（不包括向末尾元素的后面插入）。如果没有正确的 key 属性，在数组开头插入一个项目会导致所有后续的 `<img>` 标签的 `src` 属性发生改变。

值得注意的一点是，尽管 key 看似被作为一个属性传入了，但其实在组件的任何位置都无法实际获取到它。

总结

在本章中我们学习了如下内容：

1. 将 `shouldComponentUpdate` 返回值改为 true 或 false 以提升性能。
2. 使用 `key` 来帮助 React 识别列表中所有子组件的最小变化。

到目前为止，我们一直都在关注 React 在浏览器中的使用。接下来我们将学习在服务器端构建基于 React 的同构（Universal，或称 Isomorphic）JavaScript 应用。

第 12 章 服务端渲染

想要让搜索引擎抓取到你的站点，服务端渲染这一步不可或缺。服务端渲染还可以提升站点的性能，因为在加载 JavaScript 脚本的同时，浏览器就可以进行页面渲染。

React 的虚拟 DOM 是其可被用于服务端渲染的关键。首先，每个 React 组件在虚拟 DOM 中完成渲染，然后 React 通过虚拟 DOM 来更新浏览器 DOM 中产生变化的那一部分。虚拟 DOM 作为内存中的 DOM 表现，为 React 在 Node.js 这类非浏览器环境下的运行提供了可能。React 可以从虚拟 DOM 中生成一个字符串，而不是更新真正的 DOM。这使得我们可以在客户端和服务端使用同一个 React 组件。

React 提供了两个可用于服务端渲染组件的函数：`React.renderToString` 和 `React.renderToStaticMarkup`。

在设计用于服务端渲染的 React 组件时需要有预见性，需要考虑以下方面。

- 选取最优的渲染函数。
- 如何支持组件的异步状态。
- 如何将应用的初始状态传递到客户端。
- 哪些生命周期函数可以用于服务端渲染。
- 如何为应用提供同构路由支持。
- 单例、实例以及上下文的用法。

渲染函数

在服务端渲染 React 组件时，无法使用标准的 React.render 方法，因为服务端不存在 DOM。React 提供了两个渲染函数，它们支持标准 React 组件生命周期方法的一个子集，因而能够实现服务端渲染。

React.renderToString

React.renderToString 是两个服务端渲染函数中的一个，也是开发中主要使用的一个函数。

和 React.render 不同，该函数去掉了用于表示渲染位置的参数。取而代之，该函数只返回一个字符串。这是一个快速的同步（阻塞式）函数，非常快。

```
var MyComponent = React.createClass({
  render: function () {
    return <div>Hello World!</div>;
  }
});

var world = React.renderToString(<MyComponent/>);

// 这个示例返回一个单行并且格式化的输出
<div data-reactid=".fgvrzhg2yo"
```

```
data-react-checksum="-1663559667">
  Hello World!
</div>
```

你会注意到，React 为这个 <div> 元素添加了两个 data 前缀的属性。

在浏览器环境下，React 使用 data-reactid 来区分 DOM 节点。这也是每当组件的 state 及 props 发生变化时，React 都可以精准地更新指定 DOM 节点的原因。

data-react-checksum 仅仅存在于服务端。顾名思义，它是已创建 DOM 的校验和。这准许 React 在客户端复用与服务端结构上相同的 DOM 结构。该属性只会添加到根元素上。

React.renderToStaticMarkup

React.renderToStaticMarkup 是第二个服务端渲染函数。

除了不会包含 React 的 data 属性外，它和 React.renderToString 没有区别。

```
var MyComponent = React.createClass({
  render: function () {
    return <div>Hello World!</div>;
  }
});

var world = React.renderToStaticMarkup(<MyComponent/>);

// 单行输出
<div>Hello World!</div>
```

用React.renderToString还是用React.renderToStaticMarkup

每个渲染函数都有自己的用途，所以必须明确自己的需求，再去决定使用哪个渲染函数。

当且仅当不打算在客户端渲染这个 React 组件时，才应该选择使用 React.renderToStaticMarkup 函数。

下面是一些示例：

- 生成 HTML 电子邮件。
- 通过 HTML 到 PDF 的转化来生成 PDF。
- 组件测试。

大多数情况下，我们都会选择使用 React.renderToString。这将准许 React 使用 data-reactchecksum 在客户端更迅速地初始化同一个 React 组件。因为 React 可以重用服务端提供的 DOM，所以它可以跳过生成 DOM 节点以及把它们挂载到文档中这两个昂贵的进程。对于复杂些的站点，这样做会显著地减少加载时间，用户可以更快地与站点进行交互。

确保 React 组件能够在服务端和客户端准确地渲染出一致的结构是很重要的。如果 data-react-checksum 不匹配，React 会舍弃服务端提供的 DOM，然后生成新的 DOM 节点，并且将它们更新到文档中。此时，React 也不再拥有服务端渲染带来的各种性能上的优势。

服务端组件生命周期

一旦渲染为字符串，组件就会只调用位于 render 之前的组件生命周期方法。需要指出，componentDidMount 和 componentWillUnmount 不会在服务端渲染过程中被调用，而 componentWillMount 在两种渲染方式下均有效。

当新建一个组件时，需要考虑到它可能既在服务端又在客户端进行渲染。这一点在创建事件监听器时尤为重要，因为并不存在一个生命周期方法会通知我们该 React 组件是否已经走完了整个生命周期。

在 componentWillMount 内注册的所有事件监听器及定时器都可能潜在地导致服务端内存泄漏。

最佳做法是只在 componentDidMount 内部创建事件监听器及定时器，然后在 componentWill Unmount 内清除这两者。

设计组件

服务端渲染时，请务必慎重考虑如何将组件的 state 传递到客户端，以充分利用服务端渲染的优势。在设计服务端渲染组件时，要时刻记得这一点。

在设计 React 组件时，需要保证将同一个 props 传递到组件中时，总会输出相同的初始渲染结果。坚持这样做将会提升组件的可测试性，并且可以保证组件在服务端和客户端渲染结果的一致性。充分利用服务端渲染的性能优势十分重要。

我们假设现在需要一个组件，它可以打印出一个随机数。一个棘手问题是组件每次输出的结果总是不一致。如果组件是在服务端而不是客户端进行渲染，checksum 将失效。

```
var MyComponent = React.createClass({
  render: function () {
    return <div>{Math.random()}</div>;
  }
});

var result = React.renderToStaticMarkup(<MyComponent/>);
var result2 = React.renderToStaticMarkup(<MyComponent/>);

//result
<div>0.5820949131157249</div>

//result2
<div>0.420401572631672</div>
```

如果你打算重构它，组件会通过 props 来接收一个随机数。然后，将 props 传递到客户端用于渲染。

```
var MyComponent = React.createClass({
  render: function () {
    return <div>{this.props.number}</div>;
  }
});

var num = Math.random();

// 服务端
React.renderToString(<MyComponent number={num}/>);

// 将 num 传递到客户端
React.render(<MyComponent number={num}/>, document.body);
```

有多种方式可以将服务端的 props 值传递到客户端。

最简单的方式之一是通过 JavaScript 对象将初始的 props 值传递到客户端。

```
<!DOCTYPE html>
<html>
  <head>
  <title>Example</title>
  <!-- bundle 包括 MyComponent、React 等 -->
  <script type="text/javascript" src="bundle.js"></script>
  </head>
  <body>
  <!-- 服务端渲染 MyComponent 的结果 -->
  <div data-reactid=".fgvrzhg2yo" data-react-checksum="-1663559667">
  0.5820949131157249</div>
```

```
<!-- 注入初始 props，供服务端使用 -->
<script type="text/javascript">
  var initialProps = {"num": 0.5820949131157249};
</script>

<!-- 使用服务端的初始 props -->
<script type="text/javascript">
  var num = initialProps.num;
  React.render(<MyComponent number={num}/>, document.body);
</script>
</body>
</html>
```

异步状态

很多应用需要从数据库或者网络服务这类远程数据源中读取数据。在客户端，这不是问题。在等待异步数据返回时，React 组件可以展示一个加载图标。在服务端，React 无法直接复制该方案，因为 render 函数是同步的。为了使用异步数据，首先需要抓取数据，然后在渲染时将数据传递到组件中。

示例：

可能需要从异步的 store 中抓取用户记录，然后在组件中使用。

此外

抓取到用户记录后，考虑到 SEO 以及性能等因素，需要在服务端渲染组件的状态。

此外

需要让组件监听客户端的变化，然后重新渲染。

问题：因为 `React.renderToString` 是同步的，所以没办法使用组件的任何一个生命周期方法来抓取异步的数据。

解决方案：使用 statics 函数来抓取异步数据，然后把数据传递到组件中用于渲染。将 `initialState` 作为 props 值传递到客户端。使用组件生命周期方法来监听变化，然后使用同一个 `statics` 函数更新状态。

```
var Username = React.createClass({
  statics: {
    getAsyncState: function (props, setState) {
      User.findById(props.userId)
        .then(function (user) {
          setState({user:user});
        })
        .catch(function (error) {
          setState({error: error});
        });
    }
  },
  // 客户端和服务端
  componentWillMount: function () {
    if (this.props.initialState) {
      this.setState(this.props.initialState);
    }
  },
  // 仅客户端
  componentDidMount: function () {
    // 如果 props 中没有，则获取异步 state
    if (!this.props.initialState) {
      this.updateAsyncState();
    }
    // 监听 change 事件
    User.on('change', this.updateAsyncState);
  },
  // 仅客户端
  componentWillUnmount: function () {
```

```
    // 停止监听 change 事件
    User.off('change', this.updateAsyncState);
  },
  updateAsyncState: function () {
    // 访问示例中的静态函数
    this.constructor.getAsyncState(this.props, this.setState);
  },
  render: function () {
    if (this.state.error) {
      return <div>{this.state.error.message}</div>;
    }
    if (!this.state.user) {
      return <div>Loading...</div>;
    }
    return <div>{this.state.user.username}</div>;
  }
});

// 在服务端渲染

var props = {
  userId: 123 // 也可以通过路由传递
};

Username.getAsyncState(props, function(initialState){
  props[initialState] = initialState;
  var result = React.renderToString(Username(props));

  // 使用 initialState 将结果传递到客户端
});
```

上述解决方案中，预先抓取到异步的数据这一步仅在服务端是必需的。在客户端，只有初次渲染时需要查找服务端所传递的 initialState。后续客户端上的路由变化（比如 HTML5、pushState 或者 fragment change）都会忽略掉服务端所有的 `initialState`。同时，在抓取数据时最好加载文案信息。

同构路由

对于任意一个完整的应用来说，路由都至关重要。为了在服务端渲染出拥有路由的 React 应用，必须确保路由系统支持无 DOM 渲染。

抓取异步数据是路由系统及其控制器的职责。我们假设一个深度嵌套的组件需要一些异步的数据。如果 SEO 需要这些数据，那么抓取数据的职责应该被提升至路由控制器，并且这些数据应该被传递到嵌套组件的最内层。如果不用考虑 SEO，那么在客户端的 `componentDidMount` 方法内抓取数据是没问题的。这与传统的 AJAX 加载数据的方式类似。

考虑一个 React 同构路由解决方案时，需确保它具备异步状态支持，或者可以轻易地更改以支持异步状态。理想情况下，也会倾向于使用路由系统来控制，将 `initialState` 传递到客户端。

单例、实例及上下文

在浏览器端，你的应用如同包裹在独立的气泡中一样。每个实例之间的状态不会混在一起，因为每个实例通常存在于不同的计算机或者同一台计算机的不同沙箱之中。这使得我们可以在应用架构中轻松地使用单例模式。

当开始迁移代码并在服务端运行时，必须小心，因为可能存在同一应用的多个实例在相同作用域内同时运行的情况。有可能出现应用的两个实例都去更改单例状态的情况，这会导致异常的行为发生。

React 渲染是同步的，所以可以重置之前使用过的所有单例，而后在服务端渲染你的应用。如果异步状态需要使用单例，则又会遇到问题。同样，在渲染过程中使用抓取到异步状态时，也需要考虑这一点。

尽管可以在渲染前重置之前使用过的单例，但是在隔离的环境下运行你的应用总是有好处的。Contextify 之类的包准许你在服务端彼此隔离地运行代码。这与客户端使用 webworkers 类似。Contextify 通过将应用代码运行在一个隔离的 Node.js V8 实例中来工作。一旦加载完代码，你就可以调用环境中的所有函数。这种方法可以让你随意地使用单例模式，而不用考虑性能上的花销，因为每次请求都对应一个全新的 Node.js V8 实例。

React 核心开发小组不鼓励在组件树中传递上下文和实例。这种做法会降低组件的可移植性，并且应用内组件依赖的更改会对层级上的所有组件产生联动式影响。这转而增加了应用的复杂性，而且随着应用的增长，应用的可维护性也会降低。

当决定使用单例或者实例来控制你的上下文时，需要对两者权衡取舍。在选择一个方法之前，需要估算出详细的需求，还需要考虑你所使用的第三方类库是如何架构的。

总结

服务端渲染是构建搜索引擎优化的 Web 站点和 web 应用时的重要部分。React 支持在服务端和客户端浏览器中渲染相同的 React 组件。要有效地做到这一点，需要保证整个应用都使用这一架构方式以支持服务端渲染。

接下来，你将会学习到关于 React 的开发和构建工具的相关知识。

第 13 章 开发工具

React 使用了若干的抽象层来帮助你更轻松地开发组件、推导程序的状态。然而，在调试、构建及分发应用时，这样的设计就会产生负面影响。

幸运的是，我们拥有一些非常棒的开发工具能在开发及构建过程中为我们提供帮助。在本章中我们将探讨这些构建工具和调试工具，它们可以让开发 React 程序的过程更加高效。

构建工具

构建工具帮助你优化重复性的工作使运行代码更加轻松。在 React 程序开发中，最具重复性的工作之一就是对所有的 React 组件运行 JSX 解释器。另一复杂的任务是将所有模块打包成一个或多个文件以便分发到浏览器中使用。

让我们看看 React 是如何与两款流行的 JavaScript 构建工具——Browserify 和 Webpack——一起工作的。

Browserify

Browserify 是一个 JavaScript 打包工具，支持在浏览器中使用 Node.js 风格的 `require()` 方法。不需要了解太多的细节也不必不知所措，Browserify 会自动将所有的依赖打包到一个文件中，以支持模块在浏览器环境中使用。任何包含 `require` 语句的 JavaScript 文件运行 Browserify 都会自动打包所有的依赖项。

尽管十分强大，Browserify 仅支持 JavaScript 文件，不像 Bower、Webpack 或其他打包工具支持多种文件格式。

建立一个Browserify项目

想要让 Broswerify 良好地运行起来，必须初始化一个 node 项目。假设已经安装了 node 和 npm，可以通过在终端运行下面的命令来初始化一个新项目。这个命令会创建一个含有必要资源的 `package.json` 文件。

```
npm init
# ... 回答一些必要的问题来完成初始化的过程
npm install --save-dev browserify babelify \
babel-preset-es2015 babel-preset-react \
babel-preset-stage-1 \
react uglify-js
```

在 `package.json` 文件的末尾增加如下构建脚本：

```
    ...
    "devDependencies": {
```

```
      "browserify": "^5.11.2",
      "babelify": "^6",
      "react": "^0.11.1",
      "uglify-js": "^2.4.15",
        ...
    },
    "scripts": {
      "build": "browserify --debug index.js > bundle.js",
      "build-dist": "NODE_ENV=production browserify index.js | ug-
  lifyjs -m > bundle.min.js"
    },
    "browserify": {
      "transform": ["babelify"]
    }
  }
```

同时创建一个名为 .babelrc 的文件来告诉 babel 使用哪些代码转换的配置。

```
{
  "presets": ["es2015", "react", "stage-1"]
}
```

通过运行 `npm run build` 来执行默认的任务，这个命令会创建一个打包好的 JavaScript 文件和对应的源代码映射文件（source map）。这样的配置能够让你像引用多个独立文件那样查看错误信息和添加断点，而实际上你只引用了一个文件。同时，你也会看到原来的 JSX 代码而不是被编译成原生 JavaScript 的版本。

对于构建生产环境的代码需要指明当前是生产环境。React 使用了一个叫作 envify 的转换工具，当它和代码压缩工具如 uglify 一起使用时，可以移除所有的调试代码和详细的错误信息，以此来提升效率并缩减文件体积。

现在你就可以写点 React 组件并将其打包了。

对代码做出修改

让我们创建一个名为 index.js 的 React+JSX 文件。

```
var React = require('react');
var ReactDOM = require('react-dom');

var root = document.getElementById('root');
ReactDOM.render(<h1>Hello World</h1>, root);
```

再增加一个简单的 index.html 文件：

```
<html>
  <head>
    <title>React + Browserify Demo</title>
  </head>
  <body>

    <div id="root"></div>
    <script src="bundle.js"></script>
  </body>
</html>
```

现在你的项目结构看起来大致是这样的：

- index.html
- index.js
- node_modules/
- package.json

如果现在尝试打开 index.html，你会发现页面没有加载任何的 JavaScript，因为还没有打包出最终的文件。运行 npm run build 命令然后再刷新该页面，这个示例程序就能成功加载了。

Watchify

可以选择增加一个监控（watch）任务，它对开发工作大有帮助。Watchify 是对 Browserify 的一个封装，当改动了文件的时候它会自动帮你重新打包。同时 Watchify 还使用了缓存来加快重新打包的速度。

```
npm install --save-dev watchify
```

把下面这行添加到 package.json 中的 scripts 对象中。

```
"watch": "watchify --debug index.js -o bundle.js"
```

这样就不再需要运行 `npm run build`，运行 `npm run watch` 即可，它能给你带来更流畅的开发体验。

构建

现在，只需要简单运行一下构建命令就能将 React+JSX 代码打包到一个文件中供浏览器使用了。

```
npm run-script build
```

你会看到多了一个新的 bundle.js 文件。打开 bundle.js 你会发现在文件头部有一些被压缩过的 JavaScript 代码，后续跟着的是经过 JSX 转换的组件代码。这个文件包含了在 index.js 中需要的所有依赖，它可以在浏览器中运行。再打开 index.html 你会发现一切都正常工作了。

Webpack

Webpack 和 Browserify 很像，它也会把你的 JavaScript 代码打包到一个文件中。老实说，把 Webpack 和 Browserify 放在一起进行对比是不公平的，因为 Webpack 有更多的特色功能。而这些功能在 Browserify 中是不怎么使用的。

Webpack 还能：

- 将 CSS、图片以及其他资源打包到同一个包中。
- 在打包之前对文件进行预处理（less、coffee、jsx 等）。
- 根据入口文件的不同把你的包拆分成多个包。
- 支持开发环境的特性标志位。
- 支持模块代码“热”替换。
- 支持异步加载。

因此，Webpack 能够实现 Browserify 混合其他构建工具如 gulp、grunt 的功能。

Webpack 是一个模块系统，通过增加或替换插件来实现功能。默认情况下，它启用了一个 CommonJS 解释器插件。

在这里我们不会详细介绍 Webpack 的每一种特性，不过我们会介绍基本的功能以及让它与 React 一起工作需要做的配置。

Webpack与React

React 帮助你开发应用程序组件。Webpack 不仅帮助你打包所有的 JavaScript 文件，还拥有其他所有应用需要的资源。这样的设计让你能创建一个自动包含所有类型依赖的组件。由于可以自动包含所有依赖，组件也变得更加方便移植。更妙的是，随着应用不断地开发并修改，当你移除某个组件的时候，它的所有依赖也会自动被移除。这意味着不会再有未被使用的 CSS 或图片遗留在代码目录中。

让我们看一下 React 组件是怎样加载资源依赖的。

```
//logo.js
require('./logo.css');

var React = require('react');
```

```
var Logo = React.createClass({
    render: function () {
        return <img className="Logo" src={require('./logo.png')} />
    }
});

module.exports = Logo;
```

你需要一个应用的入口文件来打包这个组件。

```
//app.js
var React = require('react');
var ReactDOM = require('react-dom');
var Logo = require('./logo.js');

var root = document.getElementById('root');
React.render(<Logo/>, root);
```

现在我们需要创建一个 Webpack 配置文件，以通知 Webpack 对不同的文件类型应该使用哪种加载器（loader）。同时，还要定义应用的入口文件以及打包后文件的存放位置。

```
//webpack.config.js
module.exports = {
    // 程序的入口文件
  entry: './app.js',
  output: {

    // 所有打包好的资源的存放位置
    path: './public/build',


    // 使用 url-loader 资源的前缀
    publicPath: './build/',
```

```
    // 生成的打包文件名
    filename: 'bundle.js'
  },
  module: {
    loaders: [
      {

        // 用于匹配加载器支持的文件格式的正则表达式

        test: /\.(js)$/,
        loader: 'babel-loader'
      },
      {

        test: /\.(css)$/,


        // 多个加载器通过"!"连接

        loader: 'style-loader!css-loader'
      },
      {

        test: /\.(png|jpg)$/,


        // url-loader 支持 base64 编码的行内资源

        loader: 'url-loader?size=8192'
      }
    ]
  }
};
```

现在，需要安装 Webpack 及一系列加载器。可以选择在控制台使用 npm 或修改 package.json 来完成安装。

确保你把这些加载器安装到了本地，而不是全局（使用 -g 参数）。

```
npm install webpack react
npm install url-loader jsx-loader style-loader css-loader
```

当所有的准备工作完成后，运行 Webpack：

```
// 在开发环境构建一次
webpack

// 构建并生成源代码映射文件
webpack -d

// 在生成环境构建、压缩、混淆代码，并移除无用代码
webpack -p

// 快速增量构建，可以和其他选项一起使用
webpack --watch
```

调试工具

无论你多么小心，总是会犯这样那样的错误。我们不会讨论如何调试 JavaScript，但会提到一些让调试 React 应用更加简单的工具。

基础工具

对于本章的内容，打开 Chrome 并安装 React Developer Tool 扩展。

在元素处右击，并在弹出的快捷菜单中选择审查元素，你会看到在 Elements 面板显示着熟悉的 DOM 结构。

不过你不是来看 DOM 结构的，你想要看到的是组件，还有它们的 props 及 state。如果完成了上面的配置工作，应该可以在面板列表的最右边看到名为 React 的面板。

组件的层级结构显示在左边，而选中组件的信息在右边。

只看这些信息足以告诉你很多关于 React 组件的 state、props 以及事件处理器的信息。然而开发者工具能做的不止于此。

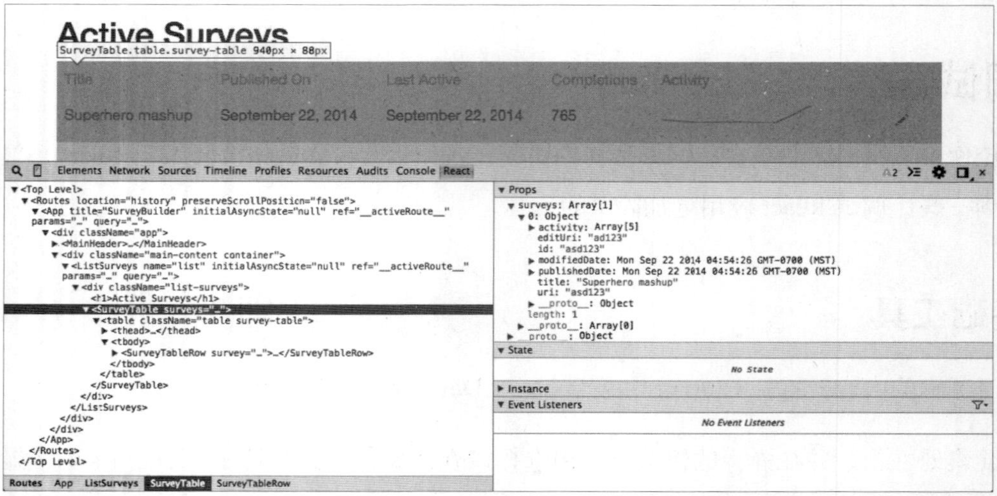

你能看到一组包含了时间戳的问卷（survey）数据被传入了 SurveyTable 组件。它们以更友好的方式展现在屏幕上。双击某个时间戳并输入一个新的值，组件会自动更新并重新渲染。

开发者工具能帮你缩小问题范围，帮助团队中的新成员找到完成任务需要修改的组件。

JSBin与JSFiddle

在调试或只是在头脑风暴时，在线调试站点如JSFiddle及JSBin是很好的资源。在求助或与他人分享原型时，可以用它们来创建测试用例。

这里是一个已经为你做好了Bebal和React相关设置的jsbin，*http://jsbin.com/ledaqefuya/1/edit?js,output*。

总结

现在，你已经见识到了在开发 React 程序时提供给你的调试及构建工具的好处。下一章，我们会详细谈谈如何在 React 中使用自动测试。

第 14 章 测试

现在你已经学会了使用 React 构建 web 应用的各方面知识，在继续学习架构模式（第 15 章）之前我们先后退一步——当开始开发一个新项目时，高效产出并不难，因为只需快速地编写出更多代码就行。但是随着项目体积变大，一不小心代码就会越来越乱，难于修改。这时候你的工具箱里必须有一个强大的工具——自动化测试。自动化测试，通常借助测试驱动开发（TDD）方法，让代码更加简单、更加模块化，增加代码的健壮性，增强你在修改代码时的信心。

我从来不做JavaScript代码测试怎么办？

没关系！如果你从来没有做过，那自动化测试这个概念确实有点遥不可及。本章不会对JavaScript测试进行全面介绍，因为这应该出现在专门介绍JavaScript测试的书中。不过我们尝试介绍足够多的应用场景，可以根据自己的需要学习并研究特定的主题。

上手

你可能会问："我已经有一个非常棒的 QA 团队专注于测试，为什么我还要关心测试，我是否可以跳过这一章？"这是一个很好的问题，自动化测试的主要好处不是杜绝 bug，也不是回归测试，尽管这些确实是测试的好处。自动化测试真正的目的是帮助你写出更好的代码。通常，烂代码很难测试。因此，如果你边写代码边写测试，就可以避免写出烂代码。你自然而然地被要求遵守单一职责的原则[1]、遵守迪米特法则[2]，并保持代码的模块化。

当我们说到测试驱动开发，也叫 TDD，指的是一种测试风格，这种风格的测试使用类似"红，绿，重构"这样的流程。首先编写一个无法通过的测试（测试结果是红色的），再编写应用代码让测试通过（测试结果为绿色），然后再重构应用代码，在保证代码清晰的同时让测试结果是绿色的。这种流程可以让你分批完成工作，每次迭代中测试变为绿色时获得成就感。

测试的类型

现在你已经知道了测试的重要性，我们再来看一下本章要介绍的测试类型：单元测试。自动化测试还有很多不同的测试类型（集成测试、功能测试、性能测试、安全测试以及视觉测试[3]），但是这些不在本书的介绍之列。

- 单元测试：每次只测试应用中最小的一块功能。通常就是直接调用一个函数，给定输入，对输出或者其他方面的影响进行验证。

概念很多是不是？但是当你开始行动时会发现其实并不难，而且在通过第一个测试时你会很有成就感。

1 http://blog.8thlight.com/uncle-bob/2014/05/08/SingleReponsibilityPrinciple.html

2 http://www.ccs.neu.edu/research/demeter/demeter-method/LawOfDemeter/paper-boy/demeter.pdf

3 https://www.youtube.com/watch?v=1wHr-O6gEfc

工具

幸好，JavaScript 社区在测试工具方面有一个非常好的生态系统。我们可以借此让测试快速落地。本书的测试用例是用 Jest 和 Enzyme。Jest 是基于 Jasmine 的，如果你熟悉 Jasmine，那对这些用例一定不会陌生。下面列了一些其他可选的类库。

- Karma
- Mocha
- Chai
- Sinon
- Casper.js
- Qunit

所以开始写代码吧！

使用Jest和Enzyme测试React组件

当编写 React 组件时，最基本的要求就是定义一个 render 函数。让我们从测试新开始 `<Comment />`，检验组件的渲染是否如期望的那样。

Jest 自动从名为 `__tests__` 的目录下搜索测试文件，为了方便，这些目录就与被测试的文件放在同一个目录下。

编写组件的内容的断言

为了满足约定，创建一个新文件 `/src/molecules/ __tests__/Comment.test.js`，和示例项目放在同一个目录中。

我们首先引入 React 以及一些 enzyme 的几个工具函数，这些函数随着 Comment 组件和测试的不断充实再慢慢解释。

```
import React from 'react';
import {shallow, mount, render} from 'enzyme';

import Comment from '../Comment';
jest.unmock('../Comment');
```

在引入 Comment 组件之后，告诉 Jest 不要 mock 这个组件，因为我们要测试的就是它。Jest 的特点就在这里，自动 mock 所有代码中依赖的 JavaScript 的模块。这样事情变得很简单，在测试单个或者一些列模块的行为时，无须手动地去实现需要 mock 的模块。

配置Jest

可以在项目的package.json中配置Jest。可以指定重要的几个应用所依赖的类库不被mock，还按照期望的方式工作；还可以配置预处理时的代码支持新的ES6语法。

现在让我们把真正的测试加上：

```
...
describe('molecules/Comment', () => {
  it('<Comment />', () => {
    expect(render(<Comment />)).toBeDefined();
  });
});
```

这个测试检查渲染 `Comment` 后的返回值是存在的。让我们来看看是否有效。保存测试文件，在终端中，进入项目的根目录运行命令：

```
npm test
```

运行结果应该像下面这样：

```
Using Jest CLI v0.9.2, jasmine2
  PASS  src/utils/__tests__/shallowCompareWithChildrenId.test.js
(0.347s)
```

```
Warning: React.createElement: type should not be null, undefined, boolean, or number. It
should be a string (for DOM elements) or a ReactClass (for composite components).
FAIL src/molecules/__tests__/Comment.test.js
 Runtime Error
Error: Cannot find module '../Comment' from 'Comment.test.js'
  at Loader._resolveNodeModule (/Users/youruser/bleeding-edge-
react-sample-app.github.io/node_modules/jest-cli/src/HasteModuleLoader/HasteModuleLoader.
js:431:11)
    at Object.<anonymous> (/Users/youruser/bleeding-edge-react-
  sample-app.github.io/src/molecules/__tests__/Comment.test.js:5:6)
    PASS src/atoms/__tests__/Box.test.js (1.058s)
1 test failed, 7 tests passed (8 total in 3 test suites, run time 2.427s)
```

测试没有通过，因为我们还完全没有实现 Comment 这个组件。在我们进一步修复这个问题之前，在终端中运行如下命令，开启 Jest 的 watch 模式。这会监听项目中的文件变化，自动重新运行测试。这可以对代码的变化迅速给出反馈！

```
npm test — —watch
```

接下来创建一个新文件 /src/molecules/Comment.js，先添加如下实现：

```
import React, {PropTypes} from 'react';
import Box from '../atoms/Box';

export default
class Comment extends React.Component {
  static propTypes = {

  };

  render(){
    return (
      <Box>
        A Comment!
```

```
      </Box>
    );
  }
}
```

这个不完整的实现仅仅渲染了一个带静态文本的 Box。保存 Comment 组件代码，回到终端，应该看到如下输出：

```
PASS  src/utils/__tests__/shallowCompareWithChildrenId.test.js(0.343s)
PASS  src/atoms/__tests__/Box.test.js (0.987s)
PASS  src/molecules/__tests__/Comment.test.js (1.092s)
8 tests passed (8 total in 3 test suites, run time 2.228s)
```

测试通过！但是 Comment 组件还没有完成。Comment 的目的是将 `Comments.js` 中 map 函数内的逻辑剥离出来，封装到一个组件中。在目前的 map 函数中，提供了一个 comment 对象，因此 Comment 组件必须把它作为一个必要的属性。让我们修改一下测试，使得在渲染 Comment 组件时带一个示例的 comment 属性，然后检查渲染得到的组件实例中是否包含某些属性上的内容。

```
describe('molecules/Comment', () => {
  let comment = {
    id: 1,
    replies: [],
    score: 1,
    score_hidden: 1,
    body: "Test Driven Development, yeah!",
    author: "Jeremiah Hall"
  };

  it('<Comment comment={comment}/>', () => {
    let renderedComment = render(<Comment comment={comment} targetScore={1} />);
    expect(renderedComment.text()).toContain(comment.body);
    expect(renderedComment.text()).toContain(comment.author);
```

```
  });
});
```

让我们仔细看一下这个测试用例：

1. 首先定义了一个示例的 comment 对象。
2. 使用 Enzyme 的 render 方法把 Comment 组件加一些属性渲染出来。
3. 然后检查渲染出来的组件是否包含 comment 对象的 body 和 author 属性。

Enzyme 的 render 函数返回的对象是一个经过包装的对象，包含了多个非常有用的方法。在后面的测试中还会用到其他两个方法。

在保存之后你会发现测试失败了：

```
PASS  src/utils/__tests__/shallowCompareWithChildrenId.test.js
(0.342s)
PASS  src/atoms/__tests__/Box.test.js (0.99s)
FAIL  src/molecules/__tests__/Comment.test.js (1.112s)
 molecules/Comment › it <Comment comment={comment}/>
 - Expected 'A Comment!' to contain 'Test Driven Development,yeah!'.
       at Object.eval (src/molecules/__tests__/Comment.test.js:23:36)
       at handle (node_modules/worker-farm/lib/child/index.js:41:8)
       at process.<anonymous> (node_modules/worker-farm/lib/
child/index.js:47:3)
       at emitTwo (events.js:87:13)
       at process.emit (events.js:172:7)
       at handleMessage (internal/child_process.js:686:10)
       at Pipe.channel.onread (internal/child_process.js:440:11)
 - Expected 'A Comment!' to contain 'Jeremiah Hall'.
       at Object.eval (src/molecules/__tests__/Comment.test.js:24:36)
       at handle (node_modules/worker-farm/lib/child/index.js:41:8)
       at process.<anonymous> (node_modules/worker-farm/lib/child/index.js:47:3)
       at emitTwo (events.js:87:13)
       at process.emit (events.js:172:7)
```

```
      at handleMessage (internal/child_process.js:686:10)
      at Pipe.channel.onread (internal/child_process.js:440:11)
1 test failed, 7 tests passed (8 total in 3 test suites, runtime 2.192s)
```

让我们完成 Comment 组件。需要添加几个引入（import）并实现 render 方法：

```
import React, {PropTypes} from 'react';
import Box from '../atoms/Box';
import Heading from '../atoms/Heading';
import Markdown from '../atoms/Markdown';
import Link from '../atoms/Link';
import {State} from '../utils/actions';

export default
class Comment extends React.Component {
  static propTypes = {
    comment: PropTypes.object.isRequired,
    targetScore: PropTypes.number.isRequired
  };

  render() {
    let comment = this.props.comment;
    let targetScore = this.props.targetScore;
    let replies = comment.replies || [];
    return (
      <Box
        key={comment.id}
        padding="0.5em"
        margin="0.5em"
        style={{
          background: comment.score>= targetScore ? '#ffffaa' : '#efefef'
        }}
      >
        <Box direction="row">
```

```
          <Heading level="title">{comment.score_hidden ? '?' : comment.score}</Heading>
          <Box margin={{right: "1em"}} />
          <Box style={{maxWidth: '80em', lineHeight: '1.5'}}>
            <Markdown content={comment.body} />
          </Box>
        </Box>
        <Box margin={{top: '0.5em'}} direction="row">
          <span>
        by <Link to={`/user/${comment.author}`}>{comment.author}</Link>
          </span>
          <Box
            id="replyBox"
            margin="0 1em"
            onClick={()=> {
              State.setEditing({
                type: 'comment',
                id: comment.id
              })
            }}
            style={{cursor: 'pointer'}}
          >
            Reply
          </Box>
        </Box>
        {replies.map((reply) => <Comment comment={reply} tar-
getScore={targetScore} />)}
      </Box>
    );
  }
}
```

Comment的render方法和Comments组件中传递给map函数的方法非常类似。保存Comment.js，回到终端，Jest应该给出结果测试通过了：

```
PASS  src/utils/__tests__/shallowCompareWithChildrenId.test.js(0.366s)
PASS  src/atoms/__tests__/Box.test.js (1.079s)
PASS  src/molecules/__tests__/Comment.test.js (1.307s)
8 tests passed (8 total in 3 test suites, run time 2.335s)
```

测试组件的方法和DOM事件

继续在 `Comment.test.js` 添加新的测试，验证在回复按钮被点击时，应用的状态会有所改变。无须修改 Comment.js，该测试首次运行即可通过。

```
    describe('molecules/Comment', () => {
      ...
      it('should should call State.setEditing when the reply button is clicked',
() => {
        let wrapper = mount(<Comment comment={comment} targetScore={1} />);
        let replyBox = wrapper.find('#replyBox');
        State.setEditing = jest.fn();
        replyBox.simulate('click');
        expect(State.setEditing).toBeCalledWith({
          type: 'comment',
          id: comment.id,
        });
      });
    });
```

这个测试中有几点新东西需要看一下：

1. 首先是使用 Enzyme 的 `mount` 把 Comment 组件渲染成 DOM。
2. 借助 Enzyme 返回的包裹对象上的 `find` 方法，把 id 为 `replyBox` 的元素选出来。
3. 调用 `jest.fn()` 创建一个 mock 函数，赋值给 `State.setEditing`。
4. 利用包裹对象，在 `replyBox` 元素上触发一个模拟的 `click` 事件。
5. 最后，验证 `State.setEditing` 是否被调用，参数是给定了的对象。

通常，React 组件响应用户交互或者生命周期事件就是执行函数。使用 Jest 和 Enzyme 可以很容易地测试组件是否按照期望的方式执行。

编写子组件的断言

新的 Comment 实现好了，接下来我们对 Comments 组件进行测试，以确保它可以把自己属性 comments 中的每一个对象渲染成 Comment 组件。

```
import React from 'react';
import {shallow, mount, render} from 'enzyme';

import Comments from '../Comments';
import Comment from '../Comment';

jest.unmock('../Comments');
jest.unmock('../Comment');

describe('molecules/Comments', () => {
  it('<Comments comments={comments}/>', () => {
    let comments = [{
      id: 1,
      replies: [],
      score: 1,
      score_hidden: 0,
      body: "Test Driven Development, yeah!",
      author: "Jeremiah Hall"
    }, {
      id: 2,
      score: 0.5,
      score_hidden: 0.25,
      body: "React is great!",
      author: "Jeremiah Hall"
```

```
    }];

    let wrapper = shallow(<Comments comments={comments} />);
    let childComments = wrapper.find(Comment);

    expect(childComments.length).toEqual(comments.length);
  });
});
```

这个测试定义了一个数组，包含两个 comment 对象，并以这个数组作为属性，用 shallow 渲染 `Comments` 组件。然后使用返回的包裹对象上的 `find` 方法查找类型为 Comment 的子组件。还可以搜索其他类型的 React 组件。Enzyme 既支持 CSS 选择器搜索，比如 `.class-name` 或者 `#replyBox`，也支持像这样的基于组件构造器的搜索，还可以用组件的 display name 或者特定属性。

> 可以到Github上查看更多Enzyme相关的API：*https://github.com/airbnb/enzyme*。

> **Enzyme中shallow、mount和render的区别**
>
> Enzyme的`shallow`函数把组件当作一个单独单元渲染，这样你的测试就不会被子组件所影响。`mount`函数会把组件渲染成DOM，并保证在恰当的时候调用类似`componentDidUpdate`这样的生命周期函数。`render`函数更进一步可以获得渲染后的静态HTML，可用于测试分析。

在我们没有把 Comments 中使用的 `Comment` 组件替换成新的组件之前，测试是无法通过的：

```
...
import Comment from './Comment';
```

```
export default
class Comments extends React.Component {
  ...
  render(){
    // 获得 comment 的平均分
    var targetScore = this.getGoodScoreThreshold();

    return (
      <Box>
        {this.props.comments.map((comment) => <Comment key={comment.id}
comment={comment} targetScore={targetScore} />)}
      </Box>
    );
  }
}
```

在文件的顶部添加一条引入 Comment 的语句，修改 map 函数，对于 props 中的每一个 comment 对象返回一个 Comment 组件的实例。

增加新的测试，验证子 Comment 组件接收了正确的 comment 属性。

```
describe('molecules/Comments', () => {
  it('<Comments comments={comments}/>', () => {
    ...
    expect(childComments.length).toEqual(comments.length);
    expect(childComments.at(0).prop('comment')).toEqual(comments[0]);
    expect(childComments.at(1).prop('comment')).toEqual(comments[1]);
    ...
  });
});
```

新的两个断言从子 Comment 组件中获取 comment 属性，判断是否与数组 comments 在对应位置上相等。

总结

本章讲了很多与测试相关的概念：渲染、auto-mocking、unmock、包装器、事件模拟、查找元素和测试驱动开发！你现在已经学会了如何在实际项目中测试 React 组件。

关于如何对 React 应用进行单元测试的部分我们就讲到这里，接下来我们学习一些模式用来架构我们的 React 应用。

第 15 章

架构模式

React 可以和多种架构模式一起使用。包括标准的 Flux 模式，到 Flux 的变种比如 Redux，以及完全不同的语言和生态，比如 Om 和 ClojureScript。React 是比较具备适应性的。本章会探索 React 应用如何完成架构，以及架构如何帮助控制随着项目增长而来的复杂度。我们也会看一下其他的流行选项。

通常说 React 可以被认为是 MVC 当中的 V。React 中可以像下面这样写内联的 Ajax 代码，但这样很快就变得难以解释：

```
export default
class Reply extends React.Component {
  getInitialState() {
    return {
```

```
      text: ""
    };
  }
  submitReply() {
    $.ajax({ url: '/replies', type: 'POST',
      contentType: 'application/json',
      dataType: 'json',
      data: JSON.stringify(this.state.text)}, (json) => {
        this.setState({ text: "" });
      });
  }
  render() {
    return (
      <div>
        <textarea
          value={this.state.text}
          onChange={(e) => this.setState({text:e.target.value})}
        />
        <input value="Submit" type="button" onClick={() => this.submitReply()}
/>
      </div>
    );
  }
}
```

比如说其他组件需要获得这个回复的更新，怎么办?

React 和主流的一些 MVC 框架配合也比较灵活。我们先来看 react-router。

路由

路由是一种把 URL 链接到应用的 View 层级的一种直观方案。

在单页面应用中路由把 URL 指向特定的 View 或者组件。

可以想象对于一个 URL/items 你想要运行一个函数，从服务器加载元素然后渲染一个 `<ItemsList />` 组件。

路由有很多种。在服务器端也存在着路由。有一些路由可以同时在客户端和服务端运行。

React 仅仅是一个渲染类库，没有路由的功能。迅猛扩张的 React 社区创造了很多路由方案。这一节会介绍 react-router，也是示例中用的路由。

react-router

本书示例中使用了 react-router。它不同于其他路由在于它是由 JSX 元素构成的。

路由被定义成了 `Route` 组件，每个路径有个 `component` 属性对应一个 React 组件。

示例中的路由是这样的：

```
export default (
  <Route component={App}>
    <Route component={MainLayout}>
      <Route path="/" component={require('./pages/HomePage/HomePage')} />
      <Route path="/user/:id" component={require('./pages/UserPage/UserPage')} />
      <Route path="/r/:id" component={require('./pages/BoardPage/BoardPage') } />
      <Route path="/item/:id" component={require('./pages/DetailsPage/
DetailsPage')} />
    </Route>
  </Route>
);
```

把上面的路由作为顶层的组件渲染来启动它：

```
var root = document.getElementById('app-root');
```

```
ReactDOM.render(
  <Router history={createBrowserHistory()}>{routes}</Router>, root);
```

就像其他路由一样，react-router 也有类似的参数概念。比如路由 `'/user/:id'` 会把 `id` 属性传给 `UserPage` 组件。

Link 是 react-router 提供的很酷的特性之一。可以使用它来导航，它可以自己对应到路由上。Link 组件封装在 `src/atom/Link.js` 文件当中。不过它的属性基本上是直接传递给 react-router 组件的。

加上 Link 组件的 `<MainNavigation/>` 组件是这样的：

```
...
export default
class MainNavigation extends React.Component {
  render(){
    return (
      <Box>
        <Box direction="row">
          {tabs.map((tab) => {
            return (
              <Box margin={{left: "0.1em"}} key={tab.name}>
                <Link unstyled to={tab.to}>
                  <Button which={tab.which}>{tab.name}</Button>
                </Link>
              </Box>
            );
          })}
        </Box>
      </Box>
    );
  }
}
```

到*https://github.com/rackt/react-router*获取更多react-router的相关信息或下载它。

Flux

Flux 是 Facebook 引入的架构模式。它为 React 提供了一套单向数据流的模式，这个模式很容易审查数据修改的过程和原因。实现 Flux 只需要很少的脚手架代码。

Flux 由四个主要的部分组成：Store、Dispatcher、Action Creator 和视图（即 React Component）。Action 是创建 Dispatcher 的语义化接口的辅助方法。

顶层的 React 组件类似于一个控制视图（Controller-View）。控制视图的组件与 Store 进行交流并协助其与子组件进行通信。这与 iOS 开发中的控制视图差别不大。

Flux 模式里的每个部分都是独立的，强制进行了严格的隔离，通过隔离来保证每个部分都易于测试。

数据流

Flux 的一个关键点是数据的单向流。与其他的方案相比，比如格式比较随意的事件处理或者复杂的双向绑定，这是比较特殊的。

Flux 与它的组件之间有着明确的数据流。

1. 应用启动时，Store 会在 Dispatcher 注册回调或者监听器。
2. React 组件被渲染时，它们自己的回调或者监听器会注册到 Store。
3. 用户在 View 上交互时，比如点击，会触发 Action Creator。
4. Action Creator 可以进行 Ajax 请求，然后通过 Dispatcher 发布 Action。
5. Dispatcher 然后把 Action 发送到所有注册了回调的 Store。
6. Store 按照内容的需要更新它的状态，如果状态改变，它们会通知所有监听了的组件。

7. 收到通知的视图会从 Store 获取新的状态，并按需要进行渲染，应用随之到达新的状态。

这套单向流和组件之间明确定义的职能使得理解应用状态变得更加容易。

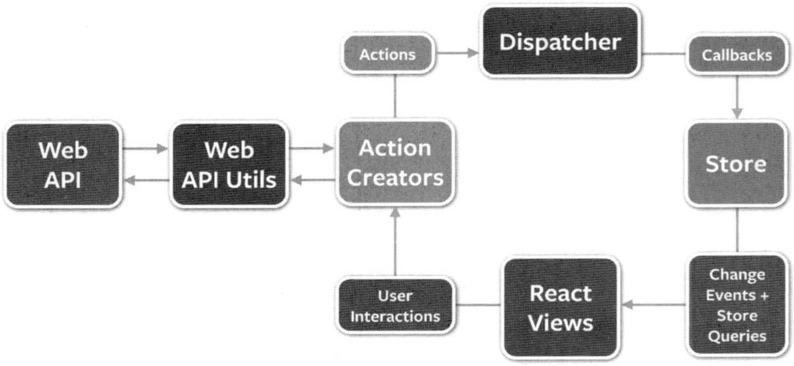

Flux各个部分

Flux 由实现特定功能的几个部分组成。在单向数据流当中，Flux 的每个部分获取上游输入的内容进行处理，然后向下游发送它的输出内容。

- Dispatcher——应用的中心仓库。
- Action——应用的 DSL（Domain Specific Language）。
- Store——业务逻辑和数据交互。
- 视图——渲染应用组件树。

下面我们来讨论每个部分及它们分别对应什么功能，怎样在 React 应用中合理使用。

Dispatcher

我们从 Dispatcher 开始，因为它是所有用户交互和数据流的中心仓库。在 Flux 模式当中 Dispatcher 是一个单例。

Dispatcher 负责在 Store 上注册回调以及管理它们之间的依赖关系。Action 从 Dispatcher 流出，进入到注册过的 Store 当中。

本书示例中包含了多个 Store。随着应用扩张，你一定会遇到需要管理多个 Store 和它们之间存在依赖的情况。这种情况我们会在后面讨论。

Action

从用户的角度看，这是 Flux 的起点。每个在 UI 上的行为都会创建一个被发送到 Dispatcher 的 Action。

尽管 Action 不是 Flux 模式真正的部分，但它们构成了应用的 DSL。用户操作被转化成为有含义的 Dispatcher Action——Store 可以依此调用相应的行为。

Store

Store 负责封装应用的业务逻辑与应用数据交互。Store 通过注册 Action 来选择响应哪些 Action。Store 把内部的数据通过更改时的 change 事件发送到 React 的组件当中。

保持 Store 严格的独立非常重要。

- Store 中包含应用所有的数据。
- 应用其他任何部分都不知道怎样操作数据——Store 是应用中唯一的数据发生改变的地方。
- Store 没有赋值——所有的更改都是由 Dispatcher 发送到 Store 的。新的数据随着 Store 的更改事件传送回到应用当中。

下面给出一个例子，Store 在 Dispatcher 上注册以获取文章后的评论。

```
Dispatcher.register(function(payload) {
  switch(payload.actionType) {
    ...
```

```
    case CommentConstants.RECEIVE_COMMENTS:
      CommentStore.setComments(payload.comments, payload.parentPostId);
      break;
  }
});
```

Store 接收到 Action，执行保存评论的代码，完成保存之后触发 change 事件。

```
CommentStore.prototype.setComments = function(comments, parentPostId) {
  // 在这里处理结果的保存
  this.emitChange();
}
```

change 事件由 app.js 定义的控制视图来处理，新的状态会发送到 React 组件的各个层级，同时组件将会按照需要重新渲染。

控制视图

应用的组件层级一般会有一个顶层的组件负责与 Store 交互。简单的应用只有一个控制视图，复杂一些的应用可能会有多个。

与一个 Store 进行关联的操作非常简单。

1. 当组件被挂载，添加 change 事件监听器。
2. 当 Store 发生改变，组件按照需要重新请求数据并完成相应的操作。
3. 当组件被卸载，清除 change 事件监听器。

下面是一段与 Store 交互的代码的示例。

```
export default
class App extends React.Component {
  handleChange() {
    PostStore.getPosts((posts) => {
      this.setState({ posts: posts });
```

```
    });
  }
  componentDidMount() {
    PostStore.addChangeListener(this.handleChange);
  }
  componentWillUnmount() {
    PostStore.removeChangeListener(this.handleChange);
  }
  ...
}
```

管理多个Store

应用增长之后无法避免会需要多个 Store。当一个 Store 依赖另一个的时候，数据的关系会变得复杂，比如一个 Store 要在另一个 Store 响应同一个 Action 之前先完成自身的调用。

例如，我们需要一个额外的 Store 来管理问卷结果的摘要，对所有问卷调查者的结果进行计分。这个摘要的 Store 需要在记录主数据的 Store 更新之后，才能安全地进行更新。

Facebook 官方提供的 Flux 方案中包含一个 `waitFor` 方法，用于指定某个 store 等待其他一些 store 执行完一个事件之后才开始执行。

注册其依赖的Action

比如有两个 store 需要处理 `CREATE_COMMENT` action。

- `CommentStore` 需要存储评论。
- `PostStore` 需要重新计算文章的评论数量。

意味着 `PostStore` 依赖于 `CommentStore` 先完成 `CREATE_COMMENT` action 然后才能完成其工作。

在为应用注册 CommentStore 的过程当中，保存一个 dispatcher token 的引用。

```
// 将 CommentStore 与 action dispatcher 进行关联
CommentStore.dispatchToken = Dispatcher.register(function(payload) {
  switch(payload.actionType) {
    ...
    case CommentConstants.CREATE_COMMENT:
      CommentStore.saveComment(payload.comment, payload.parentPostId);
        break;
    ...
  }
});
```

然后注册新的 PostStore，在我们访问 CommentStore 之前调用 waitFor。

```
PostStore.dispatchToken = Dispatcher.register(function(payload) {
  switch(payload.actionType) {
    case CommentConstants.CREATE_COMMENT:
      Dispatcher.waitFor(CommentStore.dispatchToken);
      // 这句代码保证了 CommentStore 的回调已经完成
      // 之后就可以安全地访问其中的数据计算总数
      var commentCount = CommentStore.getCommentsFor(payload.parentPostId);
      PostStore.setCommentCount(commentCount, payload.parentPostId);
      break;
    }
  }
});
```

Reflux

示例应用中使用的是一个受 Flux 启发的类库 Reflux。Reflux 不同于 Flux 的地方在于 Store 会直接订阅 actions。这可以消除大量用于检查 action 类型的 switch 语句。Store 同样可以监听其他的 Store，消除了 Flux 中的 waitFor 调用。Action Creator 也被消除了，因为 Reflux action 仅仅是函数，直接把 payload 传给 listeners。

示例应用中 `src/stores` 目录下定义了一些 Store。而应用的 action 是定义在 `src/utils/actions.js` 当中的。

> 可以在GitHub具体了解Reflux：*https://github.com/reflux/refluxjs*。

Redux

Redux 是另一个受 Flux 启发而出现的类库，它也受到了 ClojureScript 社区 Om 方案的影响。Redux 的设计目标是方便理解应用运行的细节，同时提供优秀的开发体验。

与 Om 类似，Redux 将整个应用的状态存储在树状的一个对象当中。在 Redux 的设计中，所有的代码，包括 Store，都可以被热替换，也就是在应用运行的同时可以进行代码更新。

Redux 的单一 Store 可以通过 Reducer 更新，对应 Action。Redux Reducer 是纯函数，用于更新 Store 局部的状态并返回更新后的结果。Reducer 通常和 Store 注册在 Dispatcher 上的函数类似。和 Flux Store 当中的 Getter 不同，Redux 引入了 Selector 的概念，可以从状态树当中获取布局的一些数据。界面组件通过一个 `connect` 函数注册监听 Store 的更新，并使用 Selector 获取需要的数据。获取的数据通过 props 传递给关联的界面组件。Redux 中的 action creator 和 Flux 中的类似，不过通过中间件的概念进一步加强了。

> 可以在网上了解更多Redux的细节：*http://redux.js.org*。

Relay

Relay 是 Facebook 专门为 React 应用制作的一个数据驱动框架。Relay 提供了一套方案能够在组件当中直接声明其依赖的数据，称为 GraphQL 片段，或者说 query。Relay 在 React 应用渲染过程中会根据全部的 GraphQL 片段创建整个复合的 query，对应渲染在界面的全局组件的数据，然后向服务器发起一个请求。集中管理数据需求，组件对不断变化的数据处理起来更简单，加上合并的网络请求可以提升性能。使用 Relay 要求服务端有对 GraphQL 的支持，但数据依赖复杂或者有着较多视图层级的应用可以从中获益。

> 可以在文档上了解更多Relay的细节：*https://facebook.github.io/relay/*。

Om and Om Next(ClojureScript)

Om 及其升级版本 Om Next，是很受欢迎的 React 的 ClojureScript 绑定。ClojureScript 的不可变数据结构（persistent data structures）使得某些复杂功能比如“撤销”非常简单。Om Next 吸收了一些 Om 社区的一些进展从而提供了更佳的体验。和 Relay 类似，Om Next 提供了直接在组件上指定数据依赖的方案。Om Next 中这些 query 使用的是 Datomic Pull Syntax。Datomic 是 ClojureScript 项目经常配合使用的一个数据库。

下面是一个完整的 Om Next 应用。

```
(ns om-tutorial.core
    (:require [goog.dom :as gdom]
              [om.next :as om :refer-macros [defui]]
              [om.dom :as dom]
              [datascript.core :as d]))
  (def app-state
    (atom
      {:app/title "Animals"
       :animals/list
       [[1 "Crow"] [2 "Antelope"] [3 "Bird"] [4 "Cat"] [5 "Dog"]
        [6 "Lion"] [7 "Mouse"] [8 "Monkey"] [9 "Snake"] [10 "Zebra"]]}))

(defmulti read (fn [env key params] key))

(defmethod read :default
  [{:keys [state] :as env} key params]
  (let [st @state]
```

```
    (if-let [[_ value] (find st key)]
      {:value value}
      {:value :not-found})))

(defmethod read :animals/list
    [{:keys [state] :as env} key {:keys [start end]}]
    {:value (subvec (:animals/list @state) start end)})

(defui AnimalsList
  static om/IQueryParams
  (params [this]
    {:start 0 :end 10})
  static om/IQuery
  (query [this]
    '[:app/title (:animals/list {:start ?start :end ?end})])
  Object
  (render [this]
    (let [{:keys [app/title animals/list]} (om/props this)]
      (dom/div nil
        (dom/h2 nil title)
        (apply dom/ul nil
               (map
                 (fn [[i name]]
                   (dom/li nil (str i ". " name)))
                 list))))))
(def reconciler
  (om/reconciler
    {:state app-state
     :parser (om/parser {:read read})}))

  (om/add-root! reconciler
               AnimalsList (gdom/getElement "app"))
```

这份代码渲染一个动物名字的无序列表，数据在文件开头定义在 `app-state` 当中。

> 可以在GitHub上了解更多关于Om和ClojureScript的细节：*https://github.com/omcljs/om*。

总结

现在你已经看到了一系列 React 中可以采用的架构模式。从官方的 Flux 模式，到 Flux 的变种，比如 Reflux，到整个不同的语言和生态，比如 Om 和 ClojureScript，React 的适用场景挺多的。

接下来你会看到数据不可变性在 React 应用中的使用情况，这也是 Redux 以及 Om 核心的概念。

第 16 章 不可变性

把 React 和不可变数据结构一起使用的方式日趋流行。不可变数据结构是一种一旦实例化之后就无法修改的数据结构。

不可变性是否适用于项目，该选择哪个不可变类库，这都取决于你的使用场景。本章将会介绍不可变性的优势和不足，考察三个不同的类库，把不变性融入到你的项目之中。

性能优势

不可变性对 React 应用来讲，最明显的优势就是对 shouldComponentUpdate 的提升。尽管 shouldComponentUpdate 可以显著提升性能，但这些提升往往也被其自身不断膨胀的复杂性抹去。

如果有 shouldComponentUpdate，只需要检查 props 中的一个字段，就可以直接判断返回 true 还是 false，它运行起来就很快。但反过来如果需要检查很多字段，有的字段还包含对象，需要更多的比较，这就直接把性能拉下来了。

判断两个可变对象的值是否相等所带来的时间损耗，就是问题的本质所在。如果用快速检查来代替会怎么样？

如果使用不可变的 props 和 state，真的就只需要简单地比较一下。当使用不可变对象来表示 props 时，为了得到新的 props，无法直接在当前的 props 修改，必须实例化新的不可变对象替代它。因此，使用 oldProps !== newProps 作为 shouldComponentUpdate 的检查可以迅速且明确地指出是否需要更新。

必须指出的是，这种检查虽然很快，但是有可能会误报。例如，原 state 为 { username: "Don Jacko", active: true }，调用 replaceState 替换成一个全新实例化的 { username: "Don Jacko", active: true }，明显新老状态是完全一样的，但是由于 shouldComponentUpdate 使用 oldState !== newState 来做检查，认为发生了变化，触发非必要的重绘。

在开发实践中，这种情况很少发生。就算发生，也只是多了一次非必要的重绘。更需要关注的是漏报（即组件本来需要重绘，但被判定为不需要），幸运的是这种方式并不会出现这种情况。

性能消耗

虽然不可变数据结构可以得到 shouldComponentUpdate 一个轻快的实现，显著提升了渲染的性能，但它们不是完全没有性能消耗的。可变对象改起来容易但不便做比较，反过来，不可变对象比较起来很快但更新就有些慢了。

不可变类库不能在当前对象上进行变更，最少必须实例化一个新对象，修改它使之与原对象完全一致，除了改变了的这个字段不一样。不单单更新过程需要花费时间，垃圾回收也需要，毕竟多余的对象必须被回收。

权衡起来，这对于大多数的 React 应用来说是值得的。别忘了简单的更新通常会调用大量的渲染函数。这些渲染函数在构造返回值的过程中需要实例化很多对象。牺牲一点点更新的速度以换取大量的渲染函数执行的损耗，这从性能的角度上来说是有优势的。

除了性能，还要付出的一点代价就是无法使用 `setState` 和 `setProp` 这两个函数，损失了一些便捷性。在我们需要依赖这两个方法来改变 `state` 和 `props` 对象的地方，在切换到不可变对象之后，只好选择使用 `replaceState` 和 `replaceProps` 这两个方法了。

架构优势

除了性能上可以获得提升以外，使用不可变数据还有架构上的优势。这种优势超越了 `props` 和 `state`，扩展到了整个应用层面。

不可变数据与可变数据相比通常更不容易出错。当把可变数据从一个函数传递到另外一个函数时，如果期望函数执行完后，数据不被修改，有两个选择：要么提前克隆要传递的数据，传递克隆对象；要么就是双手合十，祈祷其他函数不会修改它。（否则，肯定会出现 bug！）

防御性的克隆在这种情况下可以发挥作用，但是在同样的条件下，没有不可变数据类库高效。与全都可以修改的数据相比，明确知道一开始就被定为不可修改的数据可以获得更快的克隆速度。

拥抱不可变性意味着无须针对不同的场景进行防御性的克隆，借助贯穿始终的不可变数据将获得一致的可安全传递特性。这使得使用不可变数据可以减少错误的出现。

使用Immutability Helpers Addon

使用 Immutability Helpers Addon 是往 React 程序中引入不可变性的最简单方案。它提供了一种创建新对象（也是可变的）而不是修改当前对象的方式，允许你继续把已有的可变数据当作不可变的数据使用。

尽管这无法给我们任何新的保证，但它允许你编写之前提到的可进行快速检查的 `shouldComponentUpdate` 函数。

让我们使用 Immutability Helpers Addon 更新我们的示例：

```
var update = React.addons.update;

var SurveyEditor = React.createClass({
  // ...

  handleDrop: function (ev) {
    var questionType = ev.dataTransfer.getData('questionType');
    var questions = update(this.state.questions, {
      $push: [{ type: questionType }]
    });

    this.setState({
      questions: questions,
      dropZoneEntered: false
    });
  },

  handleQuestionChange: function (key, newQuestion) {
    var questions = update(this.state.questions, {
      $splice: [[key, 1, newQuestion]]
    });

    this.setState({ questions: questions });
  },

  handleQuestionRemove: function(key) {
      var questions = update(this.state.questions, {
        $splice: [[key, 1]]
```

```
    });

    this.setState({ questions: questions });
  }

  // ...
});
```

接下来我们试试另外一个类库，它的确能够保证不变性。

使用seamless-immutable

seamless-immutable 类库并非官方出品，但类库的初衷就是用在 React 项目中。它可以创建普通对象、数组的不可变版本，此类对象或者数组可以像与之对等的可变数据那样传递、访问和迭代，但没法修改它们。

和 Immutability Helpers Addon 一样，seamless-immutable 也提供了便利的函数来操作不可变数据，只是 seamless-immutable 把这些函数直接实现成了对象上的方法。例如 seamless-immutable 对象拥有一个 `merge()` 方法，功能与 Immutability Helpers Addon 的 `$merge` 配置项是一致的。

```
var update = React.addons.update;

var SurveyEditor = React.createClass({
  // ...

  handleDrop: function(ev) {
    var questionType = ev.dataTransfer.getData('questionType');
    var questions = this.state.questions.concat(
      [{type: questionType}]
    ),
```

```
    this.replaceState(this.state.merge({
      questions: questions,
      dropZoneEntered: false
    }));
  },

  handleQuestionChange: function(key, newQuestion) {
    var questions = this.state.questions.map(
      function(question, index) {
        return index === key ? newQuestion : question;
      }
  );

    this.setState({ questions: questions });
  },

  handleQuestionRemove: function(key) {
      var questions = this.state.questions.filter(
        function(question, index) {
            return index !== key;
        }
    );

      this.setState({ questions: questions });
    }
    // ...
});
```

使用Immutable.js

上面提到的两个类库都是给普通的 JavaScript 对象和数组提供周边工具，Immutable.js 提供了另外一种完全不一样的解决方案。它提供了新的数据结构来替换对象和数组。

最常用的数据结构是 Immutable.Map（当对象用）和 Immutable.Vector（当数组使用）。这在大多数情况下替代 JavaScript 的对象或数组，而且 Immutable.js 数据和与之对等的可变数据之间很容易互相转化。

Immutable.Map

Immutable.Map 可以用来替代普通的 JavaScript 对象：

```
var question = Immutable.Map({description: 'who is your favorite superhero?'});
// 调用 .get 方法从 Map 中读取值
question.get('description');

// 调用 .set 方法会返回一个新的对象更新值。
// 原始的对象保持不变。
question2 = question.set('description', 'Who is your favorite comicbook hero?');

// 调用 .merge 方法将两个对象合并为第三个对象。
// 同样，原始的对象不会改变。
var title = { title: 'Question #1' };
var question3 = question.merge(question2, title);
question3.toObject(); // { title: 'Question #1', description: 'who is your favorite comicbook hero' }
```

Immutable.Vector

可以用 Immutable.Vector 替代数组：

```
var options = Immutable.Vector('Superman' , 'Batman');
var options2 = options.push('Spiderman');
options2.toArray(); // ['Superman', 'Batman', 'Spiderman']
```

还可以把这些数据结构嵌套使用：

```
var options = Immutable.Vector('Superman' , 'Batman');
var question = Immutable.Map({
  description: 'who is your favorite superhero?',
  options: options
});
```

> Immutable.js 还有很多细节，可以访问*https://github.com/facebook/immutable-js*了解更多信息。

总结

在本章中我们讲了在React项目中使用不可变数据的优缺点，介绍了它对 `shouldComponentUpdate` 有何影响，对更新时间意味着什么。我们还介绍了往React代码中引入不可变数据的三种方式。

接下来我们再看看React在传统Web程序之外的应用。

第 17 章

其他使用场景

React 不仅是一个强大的交互式 UI 渲染类库，而且还提供了一个用于处理数据和用户输入的绝佳方法。它倡导可重用并且易于测试的轻量级组件。不仅在 web 应用中，这些重要的特性同样适用于其他的技术场景。

在这一章，我们将会看到如何在下面的场景中使用 React：

- 桌面应用
- 游戏
- 电子邮件
- 绘图

桌面应用

借助 Electron 或者 node-webkit 这类项目，可以实现在桌面上运行一个 web 应用。来自 Github 的 Atom Editor 就是使用 Electron 以及 React 创建的。

Sample 应用已经包含了 Electron，想要运行它，可以在 Sample 应用的根目录下运行这个命令：

```
./node_modules/.bin/electron desktop.html
```

在 `desktop.html` 中运行 Electron 将会在一个窗口中打开应用。

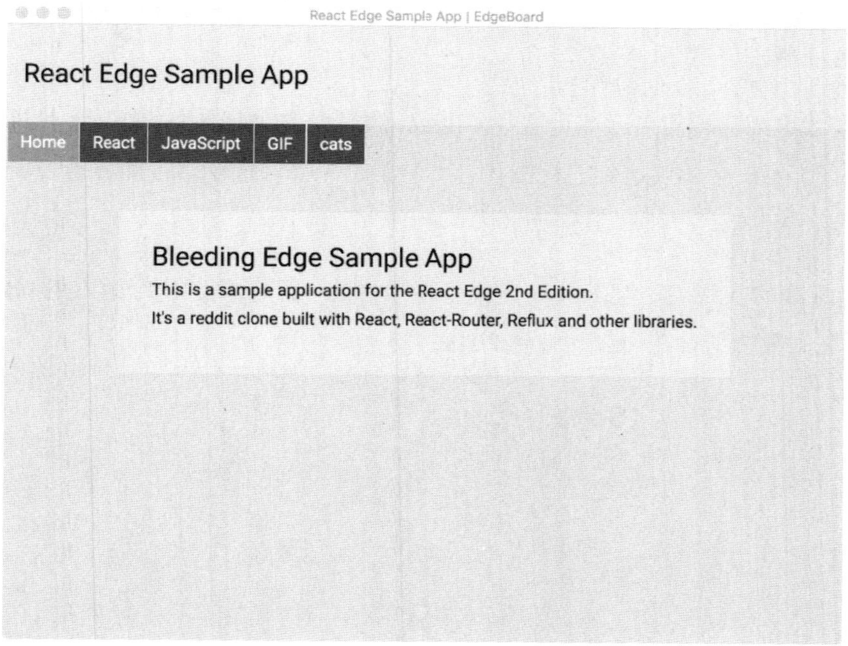

> 可以在*http://electron.atom.io*了解更多关于Electron。

借助 Electron 或者 node-webkit 这类项目，可以将创建 web 的技术应用于创建桌面应用。就像开发 web 应用一样，React 同样可以帮助你构建强大的交互式桌面应用。

游戏

通常，游戏对用户交互有很高的要求，玩家需要及时地对游戏状态的改变做出响应。相比之下，在绝大多数 web 应用中，用户不是在消费资源就是在产生资源。本质上，游戏就是一个状态机，包括两个基本要素：

1. 更新视图
2. 响应事件

在本书概览部分，你应该已经注意到：React 关注的范畴比较窄，仅仅包括两件事：

1. 更新 DOM
2. 响应事件

React 和游戏之间的相似点远不止这些。React 的虚拟 DOM 架构成就了高性能的 3D 游戏引擎，对于每一个想要达到的视图状态，渲染引擎都保证了对视图或者 DOM 的一次有效更新。

2048 这个游戏的实现就是将 React 应用于游戏中的一个示例。这个游戏的目的是把桌面上相匹配的数字结合在一起，直到 2048。

> 下面，深入地看一下实现过程*https://jsfiddle.net/jeremiahrhall/6wa8djju/*。

源码被分为两部分。第一部分是用于实现游戏逻辑的全局函数，第二部分是 React 组件。你马上会看到游戏桌面的初始数据结构。

```
var initial_board = {
  a1:null, a2:null, a3:null, a4:null,
  b1:null, b2:null, b3:null, b4:null,
  c1:null, c2:null, c3:null, c4:null,
  d1:null, d2:null, d3:null, d4:null
};
```

桌面的数据结构是一个对象，它的 `key` 与 CSS 中定义的虚拟网格位置直接相关。继初始化数据结构后，你将会看到一系列的函数对该给定数据结构进行操作。这些函数都以不可变的方式执行，返回一个新的桌面并且不会改变输入值。这使得游戏逻辑更清晰，因为可以将在数字方块移动前后的桌面数据结构进行比较，并且在不改变游戏状态的情况下推测出下一步。

关于数据结构，另一个有趣的属性是数字方块之间在结构上共享。所有的桌面共享了对桌面上未改变过的数字方块的引用。这使得创建一个新桌面非常快，并且可以通过判断引用是否相同来比较桌面。

这个游戏由两个 React 组件构成，`Tiles` 和 `GameBoard`。

`Tiles` 是一个简单的 React 组件。当给它的 `props` 指定一个 board 时，它总会渲染出完整的 tile。这给了我们利用 CSS3 transition 实现动画的机会。

```
class Tiles extends React.Component {
  render() {
    var board = this.props.board;
    // 首先，将桌面的 key 排序，停止 DOM 元素的重组。
```

```
    var tiles = used_spaces(board).sort((a, b) => {
      return board[a].id - board[b].id;
    });
    return <div className="board">{
      tiles.map((key) => {
        var tile = board[key];
        var val = tile_value(tile);
        return <span key={tile.id} className={key + " value" +val}>
          {val}
        </span>;
      })}
    </div>
  }
}
```

```
<!-- 渲染数字方块后的输出示例 -->
<div class="board" data-reactid=".0.1">
  <span class="d2 value64" data-reactid=".0.1.$2">64</span>
  <span class="d1 value8" data-reactid=".0.1.$27">8</span>
  <span class="c1 value8" data-reactid=".0.1.$28">8</span>
  <span class="d3 value8" data-reactid=".0.1.$32">8</span>
</div>
```

```
/* 将CSS transistion应用于数字方块上的动画 */
.board span{
  /* ... */
  transition: all 100ms linear;
}
```

GameBoard是一个状态机，用于响应按下方向键这一用户事件，并与游戏的逻辑功能进行交互，然后用一个新的桌面来更新状态。

```
class GameBoard extends React.Component {
```

```
constructor(props) {
  super(props);
  this.state = this.addTile(this.addTile(initial_board));
}

keyHandler(e) {
    var directions = {
        37: left,
        38: up,
        39: right,
        40: down
    };
    if (directions[e.keyCode]
    && this.setBoard(fold_board(this.state, directions[e.keyCode]))
    && Math.floor(Math.random() * 30, 0) > 0){
        setTimeout(() => {
             this.setBoard(this.addTile(this.state));
        }, 100);
    }
}

setBoard(new_board) {
    if (!same_board(this.state, new_board)){
        this.setState(new_board);
        return true;
    }
    return false;
}

addTile(board) {
    var location = available_spaces(board).sort(() => {
      return .5 - Math.random();
    }).pop();
```

```
        if (location) {
            var two_or_four = Math.floor(Math.random() * 2, 0) ? 2 : 4;
            return set_tile(board, location, new_tile(two_or_four));
        }
        return board;
    }

    newGame() {
        this.setState(this.addTile(this.addTile(initial_board)));
    }

    componentDidMount() {
        window.addEventListener("keydown", this.keyHandler.bind(this),
          false);
    }

    render() {
        var status = !can_move(this.state)?" - Game Over!":"";
        return <div className="app">
            <span className="score">
                Score: {score_board(this.state)}{status}
            </span>
            <Tiles board={this.state}/>
            <button onClick={this.newGame.bind(this)}>New Game</button>
        </div>
    }
}
```

在 GameBoard 组件中，我们初始化了用于和桌面交互的键盘监听器。每一次按下方向键，我们都会去调用 setBoard，该方法的参数是游戏逻辑中新创建的桌面。如果新桌面和原来的不同，我们会更新 GameBoard 组件的状态。这避免了不必要的函数执行，同时提升了性能。

在 render 方法中，我们渲染了当前桌面上的所有 Tile 组件。通过计算游戏逻辑中的桌面并渲染出得分。

每当我们按下方向键时，`addTile` 方法会保证在桌面上添加新的数字方块。直到桌面已经满了，没有新的数字可以结合时，游戏结束。

基于以上的实现，为这个游戏添加一个撤销功能就很容易了。可以把所有桌面的变化历史保存在 GameBoard 组件的状态中，并且在当前桌面上新增一个撤销按钮：*https://jsfiddle.net/jeremiahrhall/9fbjgnt6/*。

这个游戏实现起来非常简单。借助 React，开发者仅聚焦在游戏逻辑和用户交互上即可，不必去关心如何保证视图上的同步。

电子邮件

尽管 React 在创建 web 交互式 UI 上做了优化，但它的核心还是渲染 HTML。这意味着，我们在编写 React 应用时的诸多优势，同样可以用来编写令人头疼的 HTML 电子邮件。

创建 HTML 电子邮件需要将许多 table 在每个客户端上进行精准的渲染。想要编写电子邮件，可能要回溯到几年以前，就像是回到 1999 年编写 HTML 一样。

在多终端下成功地渲染邮件并不是一件简单的事。在我们使用 React 来完成设计的过程中，可能会碰到若干挑战，不过这些挑战与是否使用 React 无关。

用 React 为电子邮件渲染 HTML 的核心是 `React.renderToStaticMarkup`。这个函数返回了一个包含了完整组件树的 HTML 字符串，指定了最外层的组件。`React.renderToStaticMarkup` 和 `React.renderToString` 之间唯一的区别就是前者不会创建额外的 DOM 属性，比如 React 用于在客户端索引 DOM 的 `data-react-id` 属性。因为电子邮件客户端并不在浏览器中运行——我们也就不需要那些属性了。

使用 React 创建一个电子邮件，下图中的设计应该分别应用于 PC 端和移动端：

为了渲染出电子邮件，写了一小段脚本，输出用于发送电子邮件的 HTML 结构：

```
// render_email.js
var React = require('react');
var SurveyEmail = require('survey_email');
var survey = {};

console.log(
  ReactDOMServer.renderToStaticMarkup(<SurveyEmail survey={survey}/>)
);
```

我们看一下 SurveyEmail 的核心结构。首先，创建一个 Email 组件：

```
class Email extends React.Component {
  render() {
    return (
      <html>
        <body>
          {this.prop.children}
        </body>
      </html>
    );
  }
}
```

<SurveyEmail/> 组件中嵌套了 <Email/>：

```
class SurveyEmail extends React.Component {
  render() {
    var survey = this.props.survey;
    return (
      <Email>
        <h2>{survey.title}</h2>
      </Email>
    );
  }
}

SurveyEmail.propTypes = {
  survey: React.PropTypes.object.isRequired
};
```

接下来，按照给定的两种设计分别渲染出这两个 KPI，在 PC 端上左右相邻排版，在移动设备中上下堆放排版。每一个 KPI 在结构上相似，所以它们可以共享同一个组件：

```
class SurveyEmail extends React.Component {
  render() {
    return (
      <table className='kpi'>
        <tr>
          <td>{this.props.kpi}</td>
        </tr>
        <tr>
          <td>{this.props.label}</td>
        </tr>
      </table>
    );
  }
}
```

把它们添加到 <SurveryEmail/> 组件中：

```
class SurveyEmail extends React.Component {
  render() {
    var survey = this.props.survey;
    var completions = survey.activity.reduce((memo, ac) => {
      return memo + ac;
    }, 0);
    var daysRunning = survey.activity.length;

    return (
      <Email>
        <h2>{survey.title}</h2>
        <KPI kpi={completions} label='Completions'/>
        <KPI kpi={daysRunning} label='Days running'/>
      </Email>
    );
  }
```

```
}

SurveyEmail.propTypes = {
  survey: React.PropTypes.object.isRequired
};
```

这里实现了将 KPI 上下堆放的排版，但是在 PC 端我们的设计是左右相邻排版。现在的挑战是，让它既能在 PC 又能在移动设备上工作。首先我们应解决下面几个问题。

通过添加 CSS 文件的方式美化 `<Email/>`：

```
var fs = require('fs');
class Email extends React.Component {
  render() {
    var responsiveCSSFile = this.props.responsiveCSSFile;
    var styles;
    if (responsiveCSSFile) {
        styles = <style>{fs.readFileSync(responsiveCSSFile)}</style>;
      }
      return (
        <html>
          <body>
            {styles}
            {this.prop.children}
          </body>
        </html>
      );
  }
}

Email.propTypes = {
  responsiveCSSFile: React.PropTypes.string
};
```

完成后的 <SurveyEmail/> 如下：

```
class SurveyEmail extends React.Component {
  render() {
    var survey = this.props.survey;
    var completions = survey.activity.reduce((memo, ac) => {
      return memo + ac;
    }, 0);

    var daysRunning = survey.activity.length;

    return (
      <Email responsiveCSS='path/to/mobile.css'>
        <h2>{survey.title}</h2>
        <table className='for-desktop'>
          <tr>
            <td>
              <KPI kpi={completions} label='Completions'/>
            </td>
            <td>
              <KPI kpi={daysRunning} label='Days running'/>
            </td>
          </tr>
        </table>
        <div className='for-mobile'>
          <KPI kpi={completions} label='Completions'/>
          <KPI kpi={daysRunning} label='Days running'/>
        </div>
      </Email>
    );
  }
}
```

```
SurveyEmail.propTypes = {
  survey: React.PropTypes.object.isRequired
};
```

我们把电子邮件按照 PC 端和移动端进行了分组。不幸的是，在电子邮件中我们无法使用 `float: left`，因为大多数的浏览器并不支持它。还有 HTML 标签中的 align 和 valign 属性已经被废弃，因而 React 也不支持这些属性。不过，它们已经提供了一个类似的实现可用于浮动两个 `div`。而事实上，我们使用了两个分组，通过响应式的样式表，依据屏幕尺寸的大小来控制显示或隐藏。

尽管我们使用了表格，但有一点很明确，使用 React 渲染电子邮件和编写浏览器端的响应式 UI 有着同样的优势：组件的重用性、可组合性以及可测试性。

绘图

React 支持 SVG 标签，从而使得应用 SVG 变得很简单。

为了渲染出走势图（我们将用它作为一个示例），我们还需要一个带有一组指令的 `<Path/>`。

完成后的示例如下：

```
class Sparkline extends React.Component {
  render() {
    var width = 200;
    var height = 20;
    var path = this.generatePath(width, height, this.props.points);

    return (
      <svg width={width} height={height}>
        <path d={path} stroke='#7ED321' strokeWidth='2' fill='none'/>
      </svg>
    );
```

```
  },

  generatePath(width, height, points){
    var maxHeight = arrMax(points);
    var maxWidth = points.length;

    return points.map((p, i) => {
      var xPct = i / maxWidth * 100;
      var x = (width / 100) * xPct;
      var yPct = 100 - (p / maxHeight * 100);
      var y = (height / 100) * yPct;

      if (i === 0) {
        return 'M0,' + y;
      }
      else {
        return 'L' + x + ',' + y;
      }
    }).join(' ');
  }
}

Sparkline.propTypes = {
  points: React.PropTypes.arrayOf(React.PropTypes.number).isRequired
};
```

上面的 Sparkline 组件需要一组表示坐标的数字。然后，使用 path 创建一个简单的 SVG。

有趣的部分是，在 generatePath 函数中计算每个坐标应该在哪里渲染并返回一个 SVG 路径的描述。

它返回了一个像“M0,30 L10,20 L20,50”一样的字符串。SVG 路径将它翻译为绘制指令。

指令间通过空格分开。“M0,30”意味着将指针移动到 x0 和 y30。同理，“L10,20”意味着从当前指针位置画一条指向 x10 和 y20 的线，以此类推。

以同样的方式为大型的图表编写 scale 函数可能有一点枯燥。但是，如果使用 D3 这样的类库编写就会变得非常简单，并且 D3 提供的 scale 函数可用于取代手动地创建路径，就像这样：

```
class Sparkline extends React.Component {
  render() {
    var width = 200;
    var height = 20;
    var points = this.props.points.map((p, i) => {
      return { y: p, x: i };
    });

    var xScale = d3.scale.linear()
      .domain([0, points.length])
      .range([0, width]);

    var yScale = d3.scale.linear()
      .domain([0, arrMax(this.props.points)])
      .range([height, 0]);

    var line = d3.svg.line()
      .x(function (d) { return xScale(d.x) })
      .y(function (d) { return yScale(d.y) })
      .interpolate('linear');

    return (
      <svg width={width} height={height}>
        <path d={line(points)} stroke='#7ED321' strokeWidth='2'
fill='none'/>
      </svg>
```

```
    );
  }
}

Sparkline.propTypes = {
  points: React.PropTypes.arrayOf(React.PropTypes.number).isRequired
};
```

总结

这一章我们学习了：

1. React 不只局限于浏览器，还可被用于创建桌面应用以及电子邮件。
2. React 如何辅助游戏开发。
3. 使用 React 创建图表是一个很好的选择，配合 D3 这样的类库会表现得更出色。

恭喜！你现在已经读完了整本书，并且能够使用 React 创建各种各样的有趣应用了。